崧燁文化

曹永忠、吳佳駿
許智誠、蔡英德　著

Ameba程式設計 (基礎篇)

U0074635

Ameba RTL8195AM IOT Programming
(Basic Concept & Tricks)

自序

　　Ameba RTL8195AM 系列的書是我出版至今四年多，出書量也破九十本大關，專為瑞昱科技的 Ameba RTL8195AM 開發板的第二本教學書籍，當初出版電子書是希望能夠在教育界開一門 Maker 自造者相關的課程，沒想到一寫就已過四年，繁簡體加起來的出版數也已也破九十本的量，這些書都是我學習當一個 Maker 累積下來的成果。

　　這本書可以說是我的書另一個里程碑，之前都是以專案為主，以我設計的產品或逆向工程展開的產品重新實作，但是筆者發現，很多學子的程度對一個產品專案開發，仍是心有餘、力不足，所以筆者鑑於如此，回頭再寫基礎感測器系列與程式設計系列，希望透過這些基礎能力的書籍，來培養學子基礎程式開發的能力，等基礎扎穩之後，面對更難的產品開發或物聯網系統開發，有能游刃有餘。

　　目前許多學子在學習程式設計之時，恐怕最不能了解的問題是，我為何要寫九九乘法表、為何要寫遞迴程式，為何要寫成函式型式…等等疑問，只因為在學校的學子，學習程式是為了可以了解『撰寫程式』的邏輯，並訓練且建立如何運用程式邏輯的能力，解譯現實中面對的問題。然而現實中的問題往往太過於複雜，授課的老師無法有多餘的時間與資源去解釋現實中複雜問題，期望能將現實中複雜問題淬鍊成邏輯上的思路，加以訓練學生其解題思路，但是眾多學子宥於現實問題的困惑，無法單純用純粹的解題思路來進行學習與訓練，反而以現實中的複雜來反駁老師教學太過學理，沒有實務上的應用為由，拒絕深入學習，這樣的情形，反而自己造成了學習上的障礙。

　　本系列的書籍，針對目前學習上的盲點，希望讀者從感測器元件認識、、使用、應用到產品開發，一步一步漸進學習，並透過程式技巧的模仿學習，來降低系統龐大產生大量程式與複雜程式所需要了解的時間與成本，透過固定需求對應的程式攥寫技巧模仿學習，可以更快學習單晶片開發與 C 語言程式設計，進而有能力開發出原有產品，進而改進、加強、創新其原有產品固有思維與架構。如此一來，因為學子們進行『重新開發產品』過程之中，可以很有把握的了解自己正在進行什麼，對於學習過程之中，透過實務需求導引著開發過程，可以讓學子們讓實務產出與邏輯化思考產生關連，如此可以一掃過去陰霾，更踏實的進行學習。

這四年多以來的經驗分享，逐漸在這群學子身上看到發芽，開始成長，覺得 Maker 的教育方式，極有可能在未來成為教育的主流，相信我每日、每月、每年不斷的努力之下，未來 Maker 的教育、推廣、普及、成熟將指日可待。

最後，請大家可以加入 Maker 的 Open Knowledge 的行列。

曹永忠 於貓咪樂園

自序

記得自己在大學資訊工程系修習電子電路實驗的時候,自己對於設計與製作電路板是一點興趣也沒有,然後又沒有天分,所以那是苦不堪言的一堂課,還好當年有我同組的好同學,努力的照顧我,命令我做這做那,我不會的他就自己做,如此讓我解決了資訊工程學系課程中,我最不擅長的課。

當時資訊工程學系對於設計電子電路課程,大多數都是專攻軟體的學生去修習時,系上的用意應該是要大家軟硬兼修,尤其是在台灣這個大部分是硬體為主的產業環境,但是對於一個軟體設計,但是缺乏硬體專業訓練,或是對於眾多機械機構與機電整合原理不太有概念的人,在理解現代的許多機電整合設計時,學習上都會有很多的困擾與障礙,因為專精於軟體設計的人,不一定能很容易就懂機電控制設計與機電整合。懂得機電控制的人,也不一定知道軟體該如何運作,不同的機電控制或是軟體開發常常都會有不同的解決方法。

除非您很有各方面的天賦,或是在學校巧遇名師教導,否則通常不太容易能在機電控制與機電整合這方面自我學習,進而成為專業人員。

而自從有了 Arduino 這個平台後,上述的困擾就大部分迎刃而解了,因為 Arduino 這個平台讓你可以以不變應萬變,用一致性的平台,來做很多機電控制、機電整合學習,進而將軟體開發整合到機構設計之中,在這個機械、電子、電機、資訊、工程等整合領域,不失為一個很大的福音,尤其在創意掛帥的年代,能夠自己創新想法,從 Original Idea 到產品開發與整合能夠自己獨立完整設計出來,自己就能夠更容易完全了解與掌握核心技術與產業技術,整個開發過程必定可以提供思維上與實務上更多的收穫。

Arduino 平台引進台灣自今,雖然越來越多的書籍出版,但是從設計、開發、製作出一個完整產品並解析產品設計思維,這樣產品開發的書籍仍然鮮見,尤其是能夠從頭到尾,利用範例與理論解釋並重,完完整整的解說如何用 Arduino 設計出一個完整產品，介紹開發過程中，機電控制與軟體整合相關技術與範例，如此的書籍更是付之闕如。永忠、英德兄與敝人計畫撰寫 Maker 系列，就是基於這樣對市場需要的觀察，開發出這樣的書籍。

作者出版了許多的 Arduino 系列的書籍，深深覺的，基礎乃是最根本的實力，所以回到最基礎的地方，希望透過最基本的程式設計教學，來提供眾多的 Makers 在入門 Arduino 時，如何開始，如何攥寫自己的程式，進而介紹不同的週邊模組，主要的目的是希望學子可以學到如何使用這些週邊模組來設計程式，期望在未來產品開發時，可以更得心應手的使用這些週邊模組與感測器，更快將自己的想法實現，希望讀者可以了解與學習到作者寫書的初衷。

許智誠　　於中壢雙連坡中央大學 管理學院

自序

隨著資通技術(ICT)的進步與普及，取得資料不僅方便快速，傳播資訊的管道也多樣化與便利。然而，在網路搜尋到的資料卻越來越巨量，如何將在眾多的資料之中篩選出正確的資訊，進而萃取出您要的知識？如何獲得同時具廣度與深度的知識？如何一次就獲得最正確的知識？相信這些都是大家共同思考的問題。

為了解決這些困惱大家的問題，永忠、智誠兄與敝人計畫製作一系列「Maker系列」書籍來傳遞兼具廣度與深度的軟體開發知識，希望讀者能利用這些書籍迅速掌握正確知識。首先規劃「以一個 Maker 的觀點，找尋所有可用資源並整合相關技術，透過創意與逆向工程的技法進行設計與開發」的系列書籍，運用現有的產品或零件，透過駭入產品的逆向工程的手法，拆解後並重製其控制核心，並使用 Arduino 相關技術進行產品設計與開發等過程，讓電子、機械、電機、控制、軟體、工程進行跨領域的整合。

近年來 Arduino 異軍突起，在許多大學，甚至高中職、國中，甚至許多出社會的工程達人，都以 Arduino 為單晶片控制裝置，整合許多感測器、馬達、動力機構、手機、平板...等，開發出許多具創意的互動產品與數位藝術。由於 Arduino 的簡單、易用、價格合理、資源眾多，許多大專院校及社團都推出相關課程與研習機會來學習與推廣。

以往介紹 ICT 技術的書籍大部份以理論開始、為了深化開發與專業技術，往往忘記這些產品產品開發背後所需要的背景、動機、需求、環境因素等，讓讀者在學習之間，不容易了解當初開發這些產品的原始創意與想法，基於這樣的原因，一般人學起來特別感到吃力與迷惘。

本書為了讀者能夠深入了解產品開發的背景，本系列整合 Maker 自造者的觀念與創意發想，深入產品技術核心，進而開發產品，只要讀者跟著本書一步一步研習與實作，在完成之際，回頭思考，就很容易了解開發產品的整體思維。透過這樣的思路，讀者就可以輕易地轉移學習經驗至其他相關的產品實作上。

　　所以本書是能夠自修的書，讀完後不僅能依據書本的實作說明準備材料來製作，盡情享受 DIY(Do It Yourself)的樂趣，還能了解其原理並推展至其他應用。有興趣的讀者可再利用書後的參考文獻繼續研讀相關資料。

　　本書的發行有新的創舉，就是以電子書型式發行，在國家圖書館 (http://www.ncl.edu.tw/)、國立公共資訊圖書館 National Library of Public Infor-mation(http://www.nlpi.edu.tw/)、台灣雲端圖庫(http://www.ebookservice.tw/)等都可以免費借閱與閱讀，如要購買的讀者也可以到許多電子書網路商城、Google Books 與 Google Play 都可以購買之後下載與閱讀。希望讀者能珍惜機會閱讀及學習，繼續將知識與資訊傳播出去，讓有興趣的眾人都受益。希望這個拋磚引玉的舉動能讓更多人響應與跟進，一起共襄盛舉。

　　本書可能還有不盡完美之處，非常歡迎您的指教與建議。近期還將推出其他 Arduino 相關應用與實作的書籍，敬請期待。

　　最後，請您立刻行動翻書閱讀。

蔡英德　於台中沙鹿靜宜大學主顧樓

目 錄

物聯網系列

　　本書是『Ameba 程式設計』的第二本書，主要教導新手與初階使用者之讀者熟悉使用 Ameba RTL8195AM 開發板使用最基礎的數位輸出、數位輸入、類比輸出、類比輸入、網際網路連接、網際網路基礎應用…等等。

　　Ameba RTL8195AM 開發板最強大的不只是它的簡單易學的開發工具，最強大的是它網路功能與簡單易學的模組函式庫，幾乎 Maker 想到應用於物聯網開發的東西，只要透過眾多的周邊模組，都可以輕易的將想要完成的東西用堆積木的方式快速建立，而且 Ameba RTL8195AM 開發板市售價格比原廠 Arduino Yun 或 Arduino + Wifi Shield 更具優勢，最強大的是這些周邊模組對應的函式庫，瑞昱科技有專職的研發人員不斷的支持，讓 Maker 不需要具有深厚的電子、電機與電路能力，就可以輕易駕御這些模組。

　　筆者很早就開始使用 Ameba RTL8195AM 開發板，也算是先驅使用者，更感謝原廠協助，支持筆者寫作，與協助開發更多、有用的函式庫，感謝瑞昱科技的 Yves Hsu、Sean Chang、Teresa Liu、William Lai、Weiting Yeh 等先進協助，筆者不勝感激，希望筆者可以推出更多的入門書籍給更多想要進入『Ameba RTL8195AM』、『物聯網』這個未來大趨勢，所有才有這個系列的產生。

1
CHAPTER

基礎 IO 篇

本章主要介紹讀者如何使用 Ameba RTL8195AM 來控制基本的輸入/輸出 (INPUT/OUTPUT:I/O)的用法與程式範例,希望讀者可以了解如何使用最基礎的輸入、輸出(INPUT/OUTPUT:I/O)的用法。

控制 LED 燈泡

本書主要是教導讀者可以如何使用發光二極體來發光,進而使用全彩的發光二極體來產生各類的顏色,由維基百科¹中得知:發光二極體(英語:Light-emitting diode,縮寫:LED)是一種能發光的半導體電子元件,透過三價與五價元素所組成的複合光源。此種電子元件早在 1962 年出現,早期只能夠發出低光度的紅光,被惠普買下專利後當作指示燈利用。及後發展出其他單色光的版本,時至今日,能夠發出的光已經遍及可見光、紅外線及紫外線,光度亦提高到相當高的程度。用途由初時的指示燈及顯示板等;隨著白光發光二極體的出現,近年逐漸發展至被普遍用作照明用途(維基百科, 2016)。

發光二極體只能夠往一個方向導通(通電),叫作順向偏壓,當電流流過時,電子與電洞在其內重合而發出單色光,這叫電致發光效應,而光線的波長、顏色跟其所採用的半導體物料種類與故意摻入的元素雜質有關。具有效率高、壽命長、不易破損、反應速度快、可靠性高等傳統光源不及的優點。白光 LED 的發光效率近年有所進步;每千流明成本,也因為大量的資金投入使價格下降,但成本仍遠高於其他的傳統照明。雖然如此,近年仍然越來越多被用在照明用途上(維基百科, 2016)。

讀者可以在市面上,非常容易取得發光二極體,價格、顏色應有盡有,可於一

---

¹ 維基百科由非營利組織維基媒體基金會運作,維基媒體基金會是在美國佛羅里達州登記的 501(c)(3)免稅、非營利、慈善機構(https://zh.wikipedia.org/)

般電子材料行、電器行或網際網路上的網路商城、雅虎拍賣(https://tw.bid.yahoo.com/)、露天拍賣(http://www.ruten.com.tw/)、PChome 線上購物(http://shopping.pchome.com.tw/)、PCHOME 商店街(http://www.pcstore.com.tw/)...等等，購買到發光二極體。

發光二極體

如下圖所示，我們可以購買您喜歡的發光二極體，來當作第一次的實驗。

圖 1 發光二極體

如下圖所示，我們可以在維基百科中，找到發光二極體的組成元件圖(維基百科, 2016)。

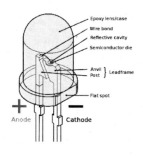

圖 2 發光二極體內部結構

資料來源:Wiki

https://zh.wikipedia.org/wiki/%E7%99%BC%E5%85%89%E4%BA%8C%E6%A5%B5%E7%AE%A1(維基百科, 2016)

控制發光二極體發光

　　如下圖所示，這個實驗我們需要用到的實驗硬體有下圖.(a)的 Ameba RTL8195AM、下圖.(b) MicroUSB　下載線、下圖.(c)發光二極體、下圖.(d) 220 歐姆電阻、下圖.(e).LCD1602 液晶顯示器：

(a). Ameba RTL8195AM

(b). MicroUSB　下載線

(c). 發光二極體

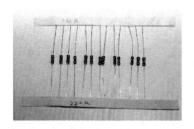

(d).220歐姆電阻

(e).LCD1602液晶顯示器(I2C)

圖 3 控制發光二極體發光所需材料表

讀者可以參考下圖所示之控制發光二極體發光連接電路圖，進行電路組立。

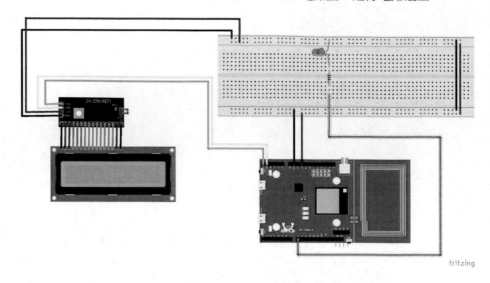

圖 4 控制發光二極體發光連接電路圖

讀者也可以參考下表之控制發光二極體發光接腳表，進行電路組立。

表 1 控制發光二極體發光接腳表

接腳	接腳說明	開發板接腳
1	麵包板 Vcc(紅線)	接電源正極(5V)
2	麵包板 GND(藍線)	接電源負極
3	220 歐姆電阻 A 端	開發板 digitalPin 8(D8)
4	220 歐姆電阻 B 端	Led 燈泡(正極端)
5	Led 燈泡(正極端)	220 歐姆電阻 B 端
6	Led 燈泡(負極端)	麵包板 GND(藍線)

接腳	接腳說明	開發板接腳
	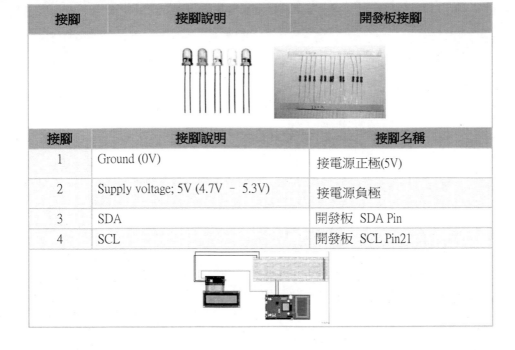	
接腳	接腳說明	接腳名稱
1	Ground (0V)	接電源正極(5V)
2	Supply voltage; 5V (4.7V－5.3V)	接電源負極
3	SDA	開發板 SDA Pin
4	SCL	開發板 SCL Pin21

我們遵照前幾章所述，將 Ameba RTL8195AM 開發板的驅動程式安裝好之後，我們打開 Ameba RTL8195AM 開發板的開發工具：Sketch IDE 整合開發軟體(軟體下載請到：https://www.arduino.cc/en/Main/Software，安裝 Ameba RTL8195AM SDK 請參考附錄之 Ameba RTL8195AM 安裝驅動程式)，攢寫一段程式，如下表所示之控制發光二極體測試程式，控制發光二極體明滅測試(曹永忠, 2016b; 曹永忠, 吳佳駿, 許智誠, & 蔡英德, 2016a, 2016b, 2016c; 曹永忠, 郭晉魁, 吳佳駿, 許智誠, & 蔡英德, 2016a, 2016b)。

表 2 控制發光二極體測試程式

控制發光二極體測試程式(LED_LIGHT)

```
#define Blink_Led_Pin 8

// the setup function runs once when you press reset or power the board
void setup() {
  // initialize digital pin Blink_Led_Pin as an output.
  pinMode(Blink_Led_Pin, OUTPUT);      //定義 Blink_Led_Pin 為輸出腳位
}
```

```
// the loop function runs over and over again forever
void loop() {
  digitalWrite(Blink_Led_Pin, HIGH);    // 將腳位 Blink_Led_Pin 設定為高電位
turn the LED on (HIGH is the voltage level)
  delay(1000);                          //休息 1 秒  wait for a second
  digitalWrite(Blink_Led_Pin, LOW);     // 將腳位 Blink_Led_Pin 設定為低電位
turn the LED off by making the voltage LOW
  delay(1000);                          // 休息 1 秒  wait for a second
}
```

程式下載：https://github.com/brucetsao/Ameba_IOT_Programming

如下圖所示，我們可以看到控制發光二極體測試程式結果畫面。

圖 5 控制發光二極體測試程式結果畫面

控制雙色 LED 燈泡

　　上節介紹控制發光二極體明滅，相信讀者應該可以駕輕就熟，本章介紹雙色發光二極體，雙色發光二極體用於許多產品開發者於產品狀態指示使用(曹永忠, 許智誠, & 蔡英德, 2015a, 2015d, 2016a, 2016b)。

　　讀者可以在市面上，非常容易取得雙色發光二極體，價格、顏色應有盡有，可於一般電子材料行、電器行或網際網路上的網路商城、雅虎拍賣(https://tw.bid.yahoo.com/)、露天拍賣(http://www.ruten.com.tw/)、PChome 線上購物(http://shopping.pchome.com.tw/)、PCHOME 商店街(http://www.pcstore.com.tw/)...等等，購買到雙色發光二極體。

雙色發光二極體

　　如下圖所示，我們可以購買您喜歡的雙色發光二極體，來當作第一次的實驗。

圖 6 雙色發光二極體

　　如上圖所示，接腳跟一般發光二極體的組成元件圖(維基百科, 2016)類似，只是在製作上把兩個發光二極體做在一起，把共地或共陽的腳位整合成一隻腳位。

控制雙色發光二極體發光

　　如下圖所示，這個實驗我們需要用到的實驗硬體有下圖.(a)的 Ameba

RTL8195AM、下圖.(b) MicroUSB 下載線、下圖.(c)雙色發光二極體、下圖.(d) 220

歐姆電阻、下圖.(e).LCD1602 液晶顯示器：

(a). Ameba RTL8195AM

(b). MicroUSB 下載線

(c). 雙色發光二極體

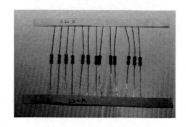

(d).220歐姆電阻

(e).LCD1602液晶顯示器(I2C)

圖 7 控制雙色發光二極體需材料表

讀者可以參考下圖所示之控制雙色發光二極體連接電路圖，進行電路組立。

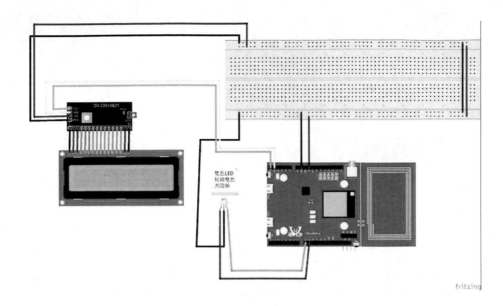

圖 8 控制雙色發光二極體發光連接電路圖

讀者也可以參考下表之控制雙色發光二極體接腳表，進行電路組立。

表 3 控制雙色發光二極體接腳表

接腳	接腳說明	開發板接腳
1	麵包板 Vcc(紅線)	接電源正極(5V)
2	麵包板 GND(藍線)	接電源負極
3	220 歐姆電阻 A 端(1 號)	開發板 digitalPin 8(D8)
3A	220 歐姆電阻 A 端(2 號)	開發板 digitalPin 8(D9)
4	220 歐姆電阻 B 端(1/2 號)	Led 燈泡(正極端)
5	Led 燈泡(G 端:綠色)	220 歐姆電阻 B 端(1 號)
5	Led 燈泡(R 端:紅色)	220 歐姆電阻 B 端(2 號)
6	Led 燈泡(負極端)	麵包板 GND(藍線)

接腳	接腳說明	開發板接腳
	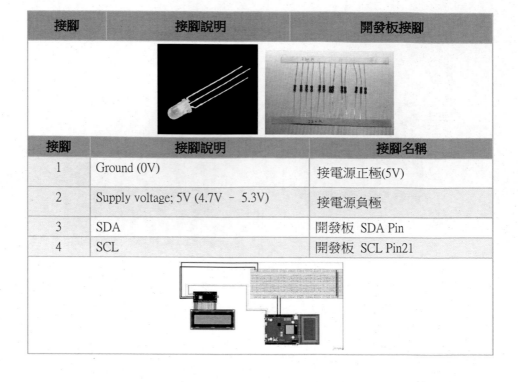	
接腳	接腳說明	接腳名稱
1	Ground (0V)	接電源正極(5V)
2	Supply voltage; 5V (4.7V ～ 5.3V)	接電源負極
3	SDA	開發板 SDA Pin
4	SCL	開發板 SCL Pin21

我們遵照前幾章所述,將 Ameba RTL8195AM 開發板的驅動程式安裝好之後,我們打開 Ameba RTL8195AM 開發板的開發工具:Sketch IDE 整合開發軟體(軟體下載請到:https://www.arduino.cc/en/Main/Software,安裝 Ameba RTL8195AM SDK 請參考附錄之 Ameba RTL8195AM 安裝驅動程式),攢寫一段程式,如下表所示之控制雙色發光二極體測試程式,控制雙色發光二極體明滅測試(曹永忠, 2016b; 曹永忠, 吳佳駿, et al., 2016a, 2016b, 2016c; 曹永忠, 郭晉魁, et al., 2016a, 2016b)。

表 4 控制雙色發光二極體測試程式

```
控制雙色發光二極體測試程式(DualLed_Light)
#define Led_Green_Pin 8
#define Led_Red_Pin 9
// the setup function runs once when you press reset or power the board
void setup() {
  // initialize digital pin Blink_Led_Pin as an output.
  pinMode(Led_Red_Pin, OUTPUT);      //定義 Led_Red_Pin 為輸出腳位
  pinMode(Led_Green_Pin, OUTPUT);     //定義 Led_Green_Pin 為輸出腳位
  digitalWrite(Led_Red_Pin,LOW) ;
```

```
    digitalWrite(Led_Green_Pin,LOW) ;
}

// the loop function runs over and over again forever
void loop() {
    digitalWrite(Led_Green_Pin, HIGH);
    delay(1000);                    //休息 1 秒  wait for a second
    digitalWrite(Led_Green_Pin, LOW);
    delay(1000);                    // 休息 1 秒  wait for a second
    digitalWrite(Led_Red_Pin, HIGH);
    delay(1000);                    //休息 1 秒  wait for a second
    digitalWrite(Led_Red_Pin, LOW);
    delay(1000);                    // 休息 1 秒  wait for a second
    digitalWrite(Led_Green_Pin, HIGH);
    digitalWrite(Led_Red_Pin, HIGH);
    delay(1000);                    //休息 1 秒  wait for a second
    digitalWrite(Led_Green_Pin, LOW);
    digitalWrite(Led_Red_Pin, LOW);
    delay(1000);                    // 休息 1 秒  wait for a second
}
```

程式下載：https://github.com/brucetsao/Ameba_IOT_Programming

讀者也可以在作者 YouTube 頻道(https://www.youtube.com/user/UltimaBruce)中，
在網址 https://www.youtube.com/watch?v=TCVrlSwZIqI&feature=youtu.be ，看到本次實
驗-控制雙色發光二極體測試程式結果畫面。

如下圖所示，我們可以看到控制雙色發光二極體測試程式結果畫面。

圖 9 控制雙色發光二極體測試程式結果畫面

章節小結

　　本章主要介紹之 Ameba 開發板使用與連接發光二極體或與連接雙色發光二極體，透過本章節的解說，相信讀者會對連接、使用發光二極體與雙色發光二極體，並控制明滅，有更深入的了解與體認。

2

CHAPTER

網路篇

　　本章主要介紹讀者如何使用 Ameba RTL8195AM 使用網路基本資源，並瞭解如何聯上網際網路，並取得網路基本資訊，希望讀者可以了解如何使用網際網路與取得網路基本資訊的用法。

取得自身網路卡編號

　　在網路連接議題上，網路卡編號(MAC address)在資訊安全上，佔著很重要的關鍵因素，所以如何取得 Ameba RTL8195AM 開發版的網路卡編號(MAC address)，當然物聯網程式設計中非常重要的基礎元件，所以本節要介紹如何取得自身網路卡編號，透過攥寫程式來取得網路卡編號(MAC address)(曹永忠, 2016d; 曹永忠, 許智誠, & 蔡英德, 2015e, 2015f)。

取得自身網路卡編號實驗材料

　　如下圖所示，這個實驗我們需要用到的實驗硬體有下圖.(a)的 Ameba RTL8195AM、下圖.(b) MicroUSB 下載線：

(a). Ameba RTL8195AM　　　　　(b). MicroUSB 下載線

圖 10 取得自身網路卡編號材料表

讀者可以參考下圖所示之取得自身網路卡編號連接電路圖，進行電路組立。

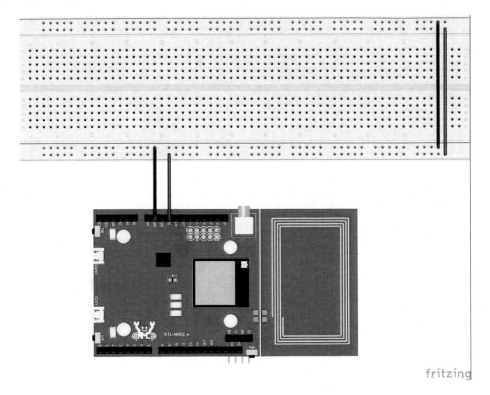

圖 11 取得自身網路卡編號連接電路圖

我們遵照前幾章所述，將 Ameba RTL8195AM 開發板的驅動程式安裝好之後，我們打開 Ameba RTL8195AM 開發板的開發工具：Sketch IDE 整合開發軟體(軟體下載請到：https://www.arduino.cc/en/Main/Software，安裝 Ameba RTL8195AM SDK 請參考附錄之 Ameba RTL8195AM 安裝驅動程式)，攥寫一段程式，如下表所示之取得自身網路卡編號測試程式，取得取得自身網路卡編號。

表 5 取得自身網路卡編號測試程式

取得自身網路卡編號測試程式(checkMac)

```
#include <WiFi.h>
uint8_t MacData[6];

String MacAddress ;

void setup() {
  Serial.begin(9600) ;
    while (!Serial) {
      ; // wait for serial port to connect. Needed for native USB port only
    }
  MacAddress = GetWifiMac() ;
    ShowMac() ;

}

void loop() { // run over and over

}

void ShowMac()
{

    Serial.print("MAC:");
    Serial.print(MacAddress);
    Serial.print("\n");

}




String GetWifiMac()
{
    String tt ;
    String t1,t2,t3,t4,t5,t6 ;
    WiFi.status();      //this method must be used for get MAC
  WiFi.macAddress(MacData);

  Serial.print("Mac:");
```

```
    Serial.print(MacData[0],HEX) ;
    Serial.print("/");
    Serial.print(MacData[1],HEX) ;
    Serial.print("/");
    Serial.print(MacData[2],HEX) ;
    Serial.print("/");
    Serial.print(MacData[3],HEX) ;
    Serial.print("/");
    Serial.print(MacData[4],HEX) ;
    Serial.print("/");
    Serial.print(MacData[5],HEX) ;
    Serial.print("~");

    t1 = print2HEX((int)MacData[0]);
    t2 = print2HEX((int)MacData[1]);
    t3 = print2HEX((int)MacData[2]);
    t4 = print2HEX((int)MacData[3]);
    t5 = print2HEX((int)MacData[4]);
    t6 = print2HEX((int)MacData[5]);
  tt = (t1+t2+t3+t4+t5+t6) ;
Serial.print(tt);
Serial.print("\n");

    return tt ;
}
String   print2HEX(int number) {
    String ttt ;
    if (number >= 0 && number < 16)
    {
        ttt = String("0") + String(number,HEX);
    }
    else
    {
        ttt = String(number,HEX);
    }
    return ttt ;
}
```

如下圖所示，我們可以看到取得自身網路卡編號結果畫面。

圖 12 取得自身網路卡編號結果畫面

取得環境可連接之無線基地台

在網路連接議題上，取得環境可連接之無線基地台是非常重要的一個關鍵點，當然如果知道可以上網的基地台，就直接連上就好，但是如果可以取得環境可連接之無線基地台的所有資訊，那將是一大助益，所以文將會教讀者如何取得取得環境可連接可連接之無線基地台，透過攢寫程式來取得取得環境可連接之無線基地台(Access Point)。

取得環境可連接之無線基地台實驗材料

如下圖所示，這個實驗我們需要用到的實驗硬體有下圖.(a)的 Ameba RTL8195AM、下圖.(b) MicroUSB 下載線：

(a). Ameba RTL8195AM　　　　(b). MicroUSB 下載線

圖 13 取得環境可連接之無線基地台材料表

讀者可以參考下圖所示之取得環境可連接之無線基地台連接電路圖，進行電路組立。

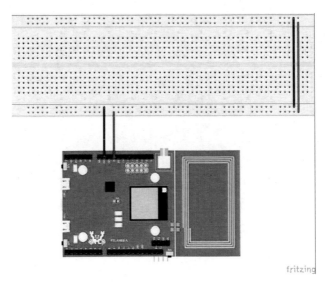

圖 14 取得環境可連接之無線基地台連接電路圖

我們遵照前幾章所述，將 Ameba RTL8195AM 開發板的驅動程式安裝好之後，我們打開 Ameba RTL8195AM 開發板的開發工具：Sketch IDE 整合開發軟體(軟體下載請到：https://www.arduino.cc/en/Main/Software，安裝 Ameba RTL8195AM SDK 請參考附錄之 Ameba RTL8195AM 安裝驅動程式)，攥寫一段程式，如下表所示之取得環境可連接之無線基地台測試程式，取得可以掃瞄到的無線基地台(Access Points)。

表 6 取得環境可連接之無線基地台測試程式

取得環境可連接之無線基地台測試程式(ScanNetworks)

```
#include <WiFi.h>

void setup() {
  //Initialize serial and wait for port to open:
  Serial.begin(9600);
  while (!Serial) {
    ; // wait for serial port to connect. Needed for native USB port only
  }

  // check for the presence of the shield:
  if (WiFi.status() == WL_NO_SHIELD) {
    Serial.println("WiFi shield not present");
    // don't continue:
    while (true);
  }

  String fv = WiFi.firmwareVersion();
  if (fv != "1.1.0") {
    Serial.println("Please upgrade the firmware");
  }

  // Print WiFi MAC address:
  printMacAddress();

}

void loop() {
  // scan for existing networks:
  Serial.println("Scanning available networks...");
```

```
    listNetworks();
    delay(20000);
}

void printMacAddress() {
    // the MAC address of your Wifi shield
    byte mac[6];

    // print your MAC address:
    WiFi.macAddress(mac);
    Serial.print("MAC: ");
    Serial.print(mac[5], HEX);
    Serial.print(":");
    Serial.print(mac[4], HEX);
    Serial.print(":");
    Serial.print(mac[3], HEX);
    Serial.print(":");
    Serial.print(mac[2], HEX);
    Serial.print(":");
    Serial.print(mac[1], HEX);
    Serial.print(":");
    Serial.println(mac[0], HEX);
}

void listNetworks() {
    // scan for nearby networks:
    Serial.println("** Scan Networks **");
    int numSsid = WiFi.scanNetworks();
    if (numSsid == -1) {
        Serial.println("Couldn't get a wifi connection");
        while (true);
    }

    // print the list of networks seen:
    Serial.print("number of available networks:");
    Serial.println(numSsid);

    // print the network number and name for each network found:
    for (int thisNet = 0; thisNet < numSsid; thisNet++) {
```

```
      Serial.print(thisNet);
      Serial.print(") ");
      Serial.print(WiFi.SSID(thisNet));
      Serial.print("\tSignal: ");
      Serial.print(WiFi.RSSI(thisNet));
      Serial.print(" dBm");
      Serial.print("\tEncryptionRaw: ");
      printEncryptionTypeEx(WiFi.encryptionTypeEx(thisNet));
      Serial.print("\tEncryption: ");
      printEncryptionType(WiFi.encryptionType(thisNet));
   }
}


void printEncryptionTypeEx(uint32_t thisType) {
   /*   Arduino wifi api use encryption type to mapping to security type.
    *   This function demonstrate how to get more richful information of security type.
    */
   switch (thisType) {
     case SECURITY_OPEN:
       Serial.print("Open");
       break;
     case SECURITY_WEP_PSK:
       Serial.print("WEP");
       break;
     case SECURITY_WPA_TKIP_PSK:
       Serial.print("WPA TKIP");
       break;
     case SECURITY_WPA_AES_PSK:
       Serial.print("WPA AES");
       break;
     case SECURITY_WPA2_AES_PSK:
       Serial.print("WPA2 AES");
       break;
     case SECURITY_WPA2_TKIP_PSK:
       Serial.print("WPA2 TKIP");
       break;
     case SECURITY_WPA2_MIXED_PSK:
       Serial.print("WPA2 Mixed");
       break;
```

```
      case SECURITY_WPA_WPA2_MIXED:
        Serial.print("WPA/WPA2 AES");
        break;
  }
}

void printEncryptionType(int thisType) {
  // read the encryption type and print out the name:
  switch (thisType) {
    case ENC_TYPE_WEP:
      Serial.println("WEP");
      break;
    case ENC_TYPE_TKIP:
      Serial.println("WPA");
      break;
    case ENC_TYPE_CCMP:
      Serial.println("WPA2");
      break;
    case ENC_TYPE_NONE:
      Serial.println("None");
      break;
    case ENC_TYPE_AUTO:
      Serial.println("Auto");
      break;
  }
}
```

程式下載：https://github.com/brucetsao/Ameba_IOT_Programming

如下圖所示，我們可以看到取得環境可連接之無線基地台。

```
                            COM18                        ─ □  ×
                                                        得达
Flash Image2:Addr 0x6000, Len 195412, Load to SRAM 0x100060 ⌃
Image3 length: 0xc5e0, Image3 Addr: 0x30000000
Img2 Sign: RTKWin, InfaStart @ 0x10006019
      ==== Enter Image 2 ====

Initializing WIFI ...
WIFI initialized
MAC: EA:23:3C:8C:3:F0
Scanning available networks...
** Scan Networks **
number of available networks:9
0) HP-Print-41-LaserJet 1102     Signal: -54 dBm EncryptionR
1) TSAO_AirBox  Signal: -54 dBm EncryptionRaw: WPA2 AES Enc
2) PM25 Signal: -56 dBm EncryptionRaw: WPA/WPA2 AES      Enc
3) P883 Signal: -58 dBm EncryptionRaw: WPA2 AES Encryption: ⌄
☑ 自動捲動                                    沒有行結尾  ⌄  9600 baud
```

圖 15 取得環境可連接之無線基地台結果畫面

連接無線基地台

　　本文要介紹讀者如何透過連接無線基地台來上網，並了解 Ameba RTL8195AM
如何透過外加網路函數來連接無線基地台(曹永忠, 2016d)。

連接無線基地台實驗材料

　　如下圖所示，這個實驗我們需要用到的實驗硬體有下圖.(a)的 Ameba
RTL8195AM、下圖.(b) MicroUSB 下載線：

(a). Ameba RTL8195AM   (b). MicroUSB 下載線

圖 16 連接無線基地台材料表

讀者可以參考下圖所示之連接無線基地台連接電路圖，進行電路組立(曹永忠,
2016d)。

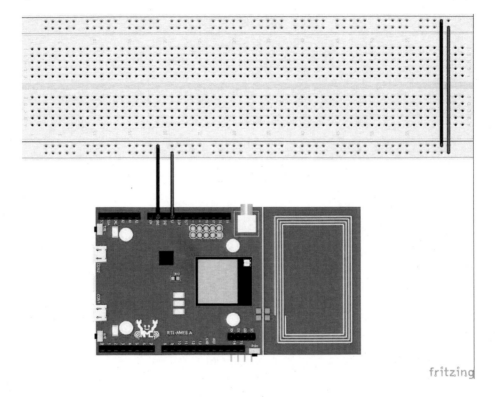

圖 17 連接無線基地台電路圖

　　我們遵照前幾章所述，將 Ameba RTL8195AM 開發板的驅動程式安裝好之後，
我們打開 Ameba RTL8195AM 開發板的開發工具：Sketch IDE 整合開發軟體(軟體下
載請到：https://www.arduino.cc/en/Main/Software，安裝 Ameba RTL8195AM SDK 請參
考附錄之 Ameba RTL8195AM 安裝驅動程式)，攢寫一段程式，如下表所示之連接
無線基地台測試程式，透過無線基地台連上網際網路。

表 7 連接無線基地台測試程式(WPA 模式)

連接無線基地台測試程式(WPA 模式) (CheckAP_ConnectWithWPA)
#include <WiFi.h>

```
uint8_t MacData[6];
char ssid[] = "PM25";          // your network SSID (name)
char pass[] = "qq12345678";        // your network password


IPAddress   Meip ,Megateway ,Mesubnet ;
String MacAddress ;
int status = WL_IDLE_STATUS;


void setup() {
  MacAddress = GetWifiMac() ;
    ShowMac() ;
        initializeWiFi();
        printWifiData() ;
}

void loop() { // run over and over

}

void ShowMac()
{

    Serial.print("MAC:");
    Serial.print(MacAddress);
    Serial.print("\n");


}




String GetWifiMac()
{
   String tt ;
    String t1,t2,t3,t4,t5,t6 ;
    WiFi.status();     //this method must be used for get MAC
  WiFi.macAddress(MacData);
```

```
  Serial.print("Mac:");
   Serial.print(MacData[0],HEX) ;
   Serial.print("/");
   Serial.print(MacData[1],HEX) ;
   Serial.print("/");
   Serial.print(MacData[2],HEX) ;
   Serial.print("/");
   Serial.print(MacData[3],HEX) ;
   Serial.print("/");
   Serial.print(MacData[4],HEX) ;
   Serial.print("/");
   Serial.print(MacData[5],HEX) ;
   Serial.print("~");

   t1 = print2HEX((int)MacData[0]);
   t2 = print2HEX((int)MacData[1]);
   t3 = print2HEX((int)MacData[2]);
   t4 = print2HEX((int)MacData[3]);
   t5 = print2HEX((int)MacData[4]);
   t6 = print2HEX((int)MacData[5]);
  tt = (t1+t2+t3+t4+t5+t6) ;
Serial.print(tt);
Serial.print("\n");

   return tt ;
}
String   print2HEX(int number) {
   String ttt ;
   if (number >= 0 && number < 16)
   {
     ttt = String("0") + String(number,HEX);
   }
   else
   {
       ttt = String(number,HEX);
   }
   return ttt ;
}
```

```
void printWifiData()
{
  // print your WiFi shield's IP address:
  Meip = WiFi.localIP();
  Serial.print("IP Address: ");
  Serial.println(Meip);
  Serial.print("\n");

  // print your MAC address:
  byte mac[6];
  WiFi.macAddress(mac);
  Serial.print("MAC address: ");
  Serial.print(mac[5], HEX);
  Serial.print(":");
  Serial.print(mac[4], HEX);
  Serial.print(":");
  Serial.print(mac[3], HEX);
  Serial.print(":");
  Serial.print(mac[2], HEX);
  Serial.print(":");
  Serial.print(mac[1], HEX);
  Serial.print(":");
  Serial.println(mac[0], HEX);

  // print your subnet mask:
  Mesubnet = WiFi.subnetMask();
  Serial.print("NetMask: ");
  Serial.println(Mesubnet);

  // print your gateway address:
  Megateway = WiFi.gatewayIP();
  Serial.print("Gateway: ");
  Serial.println(Megateway);
}
```

```
void ShowInternetStatus()
{

        if (WiFi.status())
         {
                Meip = WiFi.localIP();
                Serial.print("Get IP is:");
                Serial.print(Meip);
                Serial.print("\n");


         }
        else
         {

                        Serial.print("DisConnected:");
                        Serial.print("\n");

         }


}

void initializeWiFi() {
   while (status != WL_CONNECTED) {
     Serial.print("Attempting to connect to SSID: ");
     Serial.println(ssid);
     // Connect to WPA/WPA2 network. Change this line if using open or WEP network:
     status = WiFi.begin(ssid, pass);
   //    status = WiFi.begin(ssid);

     // wait 10 seconds for connection:
     delay(10000);
   }
   Serial.print("\n Success to connect AP:") ;
   Serial.print(ssid) ;
   Serial.print("\n") ;


}
```

程式下載：https://github.com/brucetsao/Ameba_IOT_Programming

下表為連接無線基地台測試程式(無加密方式)之程式，若讀者使用無線基地台為無加密方式連線，則採用此程式。

表 8 連接無線基地台測試程式(無加密方式)

連接無線基地台測試程式(無加密方式)(CheckAP_ConnectNoEncryption)

```
#include <WiFi.h>
uint8_t MacData[6];
char ssid[] = "PM25";          // your network SSID (name)
IPAddress   Meip ,Megateway ,Mesubnet ;
String MacAddress ;
int status = WL_IDLE_STATUS;

void setup() {
  //Initialize serial and wait for port to open:
  Serial.begin(9600);
  while (!Serial) {
    ; // wait for serial port to connect. Needed for native USB port only
  }

  // check for the presence of the shield:
  if (WiFi.status() == WL_NO_SHIELD) {
    Serial.println("WiFi shield not present");
    // don't continue:
    while (true);
  }

  String fv = WiFi.firmwareVersion();
  if (fv != "1.1.0") {
    Serial.println("Please upgrade the firmware");
  }

  // attempt to connect to Wifi network:
  while (status != WL_CONNECTED) {
    Serial.print("Attempting to connect to open SSID: ");
    Serial.println(ssid);
    status = WiFi.begin(ssid);
```

```
    // wait 10 seconds for connection:
    delay(10000);
  }


  // you're connected now, so print out the data:
  Serial.print("You're connected to the network");
  MacAddress = GetWifiMac() ;
    ShowMac() ;
        initializeWiFi();
        printWifiData() ;
}

void loop() {
}
void ShowMac()
{

      Serial.print("MAC:");
      Serial.print(MacAddress);
      Serial.print("\n");


}




String GetWifiMac()
{
    String tt ;
    String t1,t2,t3,t4,t5,t6 ;
    WiFi.status();       //this method must be used for get MAC
  WiFi.macAddress(MacData);

  Serial.print("Mac:");
   Serial.print(MacData[0],HEX) ;
   Serial.print("/");
   Serial.print(MacData[1],HEX) ;
   Serial.print("/");
   Serial.print(MacData[2],HEX) ;
```

```
    Serial.print("/");
    Serial.print(MacData[3],HEX) ;
    Serial.print("/");
    Serial.print(MacData[4],HEX) ;
    Serial.print("/");
    Serial.print(MacData[5],HEX) ;
    Serial.print("~");

    t1 = print2HEX((int)MacData[0]);
    t2 = print2HEX((int)MacData[1]);
    t3 = print2HEX((int)MacData[2]);
    t4 = print2HEX((int)MacData[3]);
    t5 = print2HEX((int)MacData[4]);
    t6 = print2HEX((int)MacData[5]);
  tt = (t1+t2+t3+t4+t5+t6) ;
Serial.print(tt);
Serial.print("\n");

    return tt ;
}
String   print2HEX(int number) {
    String ttt ;
    if (number >= 0 && number < 16)
    {
        ttt = String("0") + String(number,HEX);
    }
    else
    {
        ttt = String(number,HEX);
    }
    return ttt ;
}




void printWifiData()
{
```

```
// print your WiFi shield's IP address:
Meip = WiFi.localIP();
Serial.print("IP Address: ");
Serial.println(Meip);
Serial.print("\n");

// print your MAC address:
byte mac[6];
WiFi.macAddress(mac);
Serial.print("MAC address: ");
Serial.print(mac[5], HEX);
Serial.print(":");
Serial.print(mac[4], HEX);
Serial.print(":");
Serial.print(mac[3], HEX);
Serial.print(":");
Serial.print(mac[2], HEX);
Serial.print(":");
Serial.print(mac[1], HEX);
Serial.print(":");
Serial.println(mac[0], HEX);

// print your subnet mask:
Mesubnet = WiFi.subnetMask();
Serial.print("NetMask: ");
Serial.println(Mesubnet);

// print your gateway address:
Megateway = WiFi.gatewayIP();
Serial.print("Gateway: ");
Serial.println(Megateway);
}

void ShowInternetStatus()
{

        if (WiFi.status())
          {
                Meip = WiFi.localIP();
```

```
                    Serial.print("Get IP is:");
                    Serial.print(Meip);
                    Serial.print("\n");


            }
            else
            {
                        Serial.print("DisConnected:");
                        Serial.print("\n");

            }


}

void initializeWiFi() {
  while (status != WL_CONNECTED) {
    Serial.print("Attempting to connect to SSID: ");
    Serial.println(ssid);
    // Connect to WPA/WPA2 network. Change this line if using open or WEP network:
      status = WiFi.begin(ssid);

    // wait 10 seconds for connection:
    delay(10000);
  }
  Serial.print("\n Success to connect AP:") ;
  Serial.print(ssid) ;
  Serial.print("\n") ;

}
```

程式下載：https://github.com/brucetsao/Ameba_IOT_Programming

下表為連接無線基地台測試程式(WEP 模式)之程式，若讀者使用無線基地台為
WEP 模式連線，則採用此程式。

表 9 連接無線基地台測試程式(WEP 模式)

連接無線基地台測試程式(WEP 模式) (CheckAP_ConnectWithWEP)

```
#include <WiFi.h>
uint8_t MacData[6];
char ssid[] = "PM25";          // your network SSID (name)                    // your
network SSID (name)
char key[] = "D0D0DEADF00DABBADEAFBEADED";        // your network key
int keyIndex = 0;                                    // your network key Index
number
IPAddress   Meip ,Megateway ,Mesubnet ;
String MacAddress ;
int status = WL_IDLE_STATUS;

// the Wifi radio's status

void setup() {
  //Initialize serial and wait for port to open:
  Serial.begin(9600);
  while (!Serial) {
    ; // wait for serial port to connect. Needed for native USB port only
  }

  // check for the presence of the shield:
  if (WiFi.status() == WL_NO_SHIELD) {
    Serial.println("WiFi shield not present");
    // don't continue:
    while (true);
  }

  String fv = WiFi.firmwareVersion();
  if (fv != "1.1.0") {
    Serial.println("Please upgrade the firmware");
  }
      MacAddress = GetWifiMac() ;
    ShowMac() ;

  // attempt to connect to Wifi network:
  while (status != WL_CONNECTED) {
    Serial.print("Attempting to connect to WEP network, SSID: ");
        initializeWiFi();
        printWifiData() ;
```

```
        // wait 10 seconds for connection:
        delay(10000);
    }
}

void loop() {
}


void ShowMac()
{

        Serial.print("MAC:");
        Serial.print(MacAddress);
        Serial.print("\n");


}




String GetWifiMac()
{
    String tt ;
    String t1,t2,t3,t4,t5,t6 ;
    WiFi.status();      //this method must be used for get MAC
   WiFi.macAddress(MacData);

   Serial.print("Mac:");
    Serial.print(MacData[0],HEX) ;
    Serial.print("/");
    Serial.print(MacData[1],HEX) ;
    Serial.print("/");
    Serial.print(MacData[2],HEX) ;
    Serial.print("/");
    Serial.print(MacData[3],HEX) ;
    Serial.print("/");
```

```
      Serial.print(MacData[4],HEX) ;
      Serial.print("/");
      Serial.print(MacData[5],HEX) ;
      Serial.print("~");

    t1 = print2HEX((int)MacData[0]);
    t2 = print2HEX((int)MacData[1]);
    t3 = print2HEX((int)MacData[2]);
    t4 = print2HEX((int)MacData[3]);
    t5 = print2HEX((int)MacData[4]);
    t6 = print2HEX((int)MacData[5]);
  tt = (t1+t2+t3+t4+t5+t6) ;
Serial.print(tt);
Serial.print("\n");

    return tt ;
}
String   print2HEX(int number) {
    String ttt ;
    if (number >= 0 && number < 16)
    {
       ttt = String("0") + String(number,HEX);
    }
    else
    {
         ttt = String(number,HEX);
    }
    return ttt ;
}




void printWifiData()
{
   // print your WiFi shield's IP address:
   Meip = WiFi.localIP();
   Serial.print("IP Address: ");
```

```
        Serial.println(Meip);
        Serial.print("\n");

        // print your MAC address:
        byte mac[6];
        WiFi.macAddress(mac);
        Serial.print("MAC address: ");
        Serial.print(mac[5], HEX);
        Serial.print(":");
        Serial.print(mac[4], HEX);
        Serial.print(":");
        Serial.print(mac[3], HEX);
        Serial.print(":");
        Serial.print(mac[2], HEX);
        Serial.print(":");
        Serial.print(mac[1], HEX);
        Serial.print(":");
        Serial.println(mac[0], HEX);

        // print your subnet mask:
        Mesubnet = WiFi.subnetMask();
        Serial.print("NetMask: ");
        Serial.println(Mesubnet);

        // print your gateway address:
        Megateway = WiFi.gatewayIP();
        Serial.print("Gateway: ");
        Serial.println(Megateway);
}

void ShowInternetStatus()
{

        if (WiFi.status())
           {
                Meip = WiFi.localIP();
                Serial.print("Get IP is:");
                Serial.print(Meip);
                Serial.print("\n");
```

```
            }
            else
            {
                        Serial.print("DisConnected:");
                        Serial.print("\n");

            }


}

void initializeWiFi() {
    while (status != WL_CONNECTED) {
        Serial.print("Attempting to connect to SSID: ");
        // Connect to WEP network. Change this line if using open or WEP network:
            Serial.println(ssid);
        status = WiFi.begin(ssid, keyIndex, key);

        // wait 10 seconds for connection:
        delay(10000);
    }
    Serial.print("\n Success to connect AP:") ;
    Serial.print(ssid) ;
    Serial.print("\n") ;

}
```

程式下載：https://github.com/brucetsao/Ameba_IOT_Programming

如下圖所示，我們可以看到連接無線基地台結果畫面。

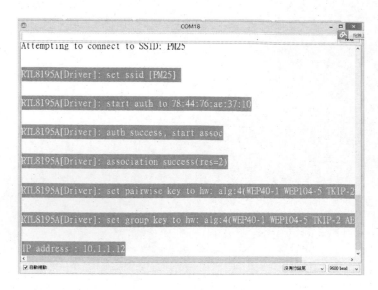

圖 18 連接無線基地台結果畫面

連接網際網路

本文要介紹讀者如何透過連接無線基地台來上網，並了解 Ameba RTL8195AM 如何透過外加網路函數來連接無線基地台(曹永忠, 2016d)，進而連上網際網路，並測試連上網站『www.google.com』，進行是否真的可以連上網際網路。

連接網際網路實驗材料

如下圖所示，這個實驗我們需要用到的實驗硬體有下圖.(a)的 Ameba RTL8195AM、下圖.(b) MicroUSB 下載線：

(a). Ameba RTL8195AM　　　　　(b). MicroUSB 下載線

圖 19 連接網際網路材料表

讀者可以參考下圖所示之連接網際網路電路圖,進行電路組立(曹永忠, 2016d)。

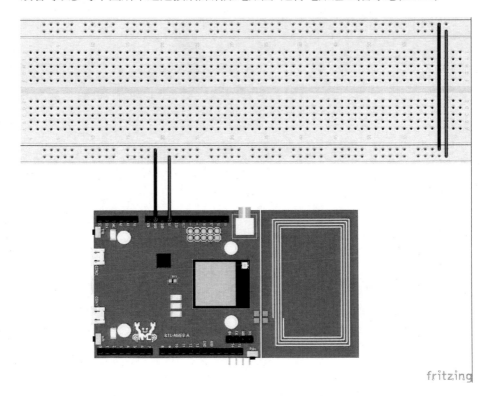

圖 20 連接網際網路電路圖

我們遵照前幾章所述,將 Ameba RTL8195AM 開發板的驅動程式安裝好之後,我們打開 Ameba RTL8195AM 開發板的開發工具：Sketch IDE 整合開發軟體(軟體下載請到：https://www.arduino.cc/en/Main/Software，安裝 Ameba RTL8195AM SDK 請參考附錄之 Ameba RTL8195AM 安裝驅動程式)，攥寫一段程式，如下表所示之連接網際網路測試程式，透過無線基地台連上網際網路，並實際連到網站進行測試。

表 10 連接網際網路測試程式

連接網際網路測試程式(WiFiWebClient)

```
#include <WiFi.h>

char ssid[] = "PM25";            // your network SSID (name)
char pass[] = "qq12345678";         // your network password
int keyIndex = 0;                 // your network key Index number (needed only for WEP)

int status = WL_IDLE_STATUS;
//IPAddress server(64,233,189,94);   // numeric IP for Google (no DNS)
char server[] = "www.google.com";      // name address for Google (using DNS)

WiFiClient client;
void setup() {
    //Initialize serial and wait for port to open:
    Serial.begin(9600);
    while (!Serial) {
        ;
    }
    // check for the presence of the shield:
    if (WiFi.status() == WL_NO_SHIELD) {
        Serial.println("WiFi shield not present");
        // don't continue:
        while (true);
    }
    String fv = WiFi.firmwareVersion();
    if (fv != "1.1.0") {
        Serial.println("Please upgrade the firmware");
    }
    // attempt to connect to Wifi network:
    while (status != WL_CONNECTED) {
        Serial.print("Attempting to connect to SSID: ");
```

```
        Serial.println(ssid);
        // Connect to WPA/WPA2 network. Change this line if using open or WEP network:
        status = WiFi.begin(ssid, pass);

        // wait 10 seconds for connection:
        delay(10000);
    }
    Serial.println("Connected to wifi");
    printWifiStatus();

    Serial.println("\nStarting connection to server...");
    // if you get a connection, report back via serial:
    if (client.connect(server, 80)) {
        Serial.println("connected to server");
        // Make a HTTP request:
        client.println("GET /search?q=ameba HTTP/1.1");
        client.println("Host: www.google.com");
        client.println("Connection: close");
        client.println();
    }
}

void loop() {
    // if there are incoming bytes available
    // from the server, read them and print them:
    while (client.available()) {
        char c = client.read();
        Serial.write(c);
    }

    // if the server's disconnected, stop the client:
    if (!client.connected()) {
        Serial.println();
        Serial.println("disconnecting from server.");
        client.stop();

        // do nothing forevermore:
        while (true);
    }
```

```
    }

void printWifiStatus() {
    // print the SSID of the network you're attached to:
    Serial.print("SSID: ");
    Serial.println(WiFi.SSID());

    // print your WiFi shield's IP address:
    IPAddress ip = WiFi.localIP();
    Serial.print("IP Address: ");
    Serial.println(ip);

    // print the received signal strength:
    long rssi = WiFi.RSSI();
    Serial.print("signal strength (RSSI):");
    Serial.print(rssi);
    Serial.println(" dBm");
}
```

程式下載：https://github.com/brucetsao/Ameba_IOT_Programming

如下圖所示，我們可以看到連接網際網路結果畫面。

圖 21 連接網際網路結果畫面

透過安全連線連接網際網路

本文要介紹讀者如何透過透過安全連線(SSL)連接無線基地台來上網，並了解 Ameba RTL8195AM 如何透過外加安全連線(SSL)網路函數來連接無線基地台(曹永忠, 2016d)。

透過安全連線連接網際網路實驗材料

如下圖所示，這個實驗我們需要用到的實驗硬體有下圖.(a)的 Ameba RTL8195AM、下圖.(b) MicroUSB 下載線：

(a). Ameba RTL8195AM   (b). MicroUSB 下載線

圖 22 透過安全連線連接網際網路材料表

讀者可以參考下圖所示之透過安全連線連接網際網路電路圖，進行電路組立 (曹永忠, 2016d)。

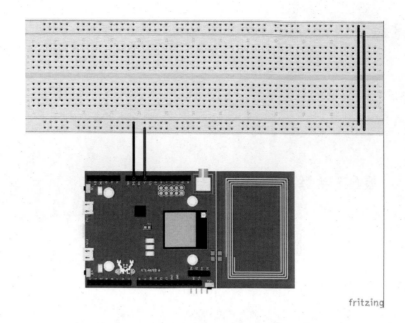

圖 23 透過安全連線連接網際網路電路圖

　　我們遵照前幾章所述，將 Ameba RTL8195AM 開發板的驅動程式安裝好之後，

我們打開 Ameba RTL8195AM 開發板的開發工具：Sketch IDE 整合開發軟體(軟體下

載請到：https://www.arduino.cc/en/Main/Software，安裝 Ameba RTL8195AM SDK 請參

考附錄之 Ameba RTL8195AM 安裝驅動程式)，攥寫一段程式，如下表所示之透過

安全連線連接網際網路測試程式，使用安全連線方式透過無線基地台連上網際網

路。

表 11 透過安全連線連接網際網路測試程式

透過安全連線連接網際網路測試程式(WiFiSSLClient)
#include <WiFi.h>
char ssid[] = "PM25";　　　　// your network SSID (name) char pass[] = "qq12345678";　　　// your network password int keyIndex = 0;　　　　　// your network key Index number (needed only for WEP)
int status = WL_IDLE_STATUS;

```
char server[] = "www.google.com";        // name address for Google (using DNS)
//unsigned char test_client_key[] = "";    //For the usage of verifying client
//unsigned char test_client_cert[] = "";   //For the usage of verifying client
//unsigned char test_ca_cert[] = "";        //For the usage of verifying server

WiFiSSLClient client;

void setup() {
    //Initialize serial and wait for port to open:
    Serial.begin(9600);
    while (!Serial) {
        ; // wait for serial port to connect. Needed for native USB port only
    }

    // check for the presence of the shield:
    if (WiFi.status() == WL_NO_SHIELD) {
        Serial.println("WiFi shield not present");
        // don't continue:
        while (true);
    }

    // attempt to connect to Wifi network:
    while (status != WL_CONNECTED) {
        Serial.print("Attempting to connect to SSID: ");
        Serial.println(ssid);
        // Connect to WPA/WPA2 network. Change this line if using open or WEP network:
        status = WiFi.begin(ssid,pass);

        // wait 10 seconds for connection:
        delay(10000);
    }
    Serial.println("Connected to wifi");
    printWifiStatus();

    Serial.println("\nStarting connection to server...");
    // if you get a connection, report back via serial:
    if (client.connect(server, 443)) { //client.connect(server, 443, test_ca_cert,
test_client_cert, test_client_key)
```

```
        Serial.println("connected to server");
        // Make a HTTP request:
        client.println("GET /search?q=realtek HTTP/1.0");
        client.println("Host: www.google.com");
        client.println("Connection: close");
        client.println();
    }
    else
    Serial.println("connected to server failed");

}

void loop() {
    // if there are incoming bytes available
    // from the server, read them and print them:
    while (client.available()) {
        char c = client.read();
        Serial.write(c);
    }

    // if the server's disconnected, stop the client:
    if (!client.connected()) {
        Serial.println();
        Serial.println("disconnecting from server.");
        client.stop();

        // do nothing forevermore:
        while (true);
    }
}

void printWifiStatus() {
    // print the SSID of the network you're attached to:
    Serial.print("SSID: ");
    Serial.println(WiFi.SSID());

    // print your WiFi shield's IP address:
    IPAddress ip = WiFi.localIP();
```

```
Serial.print("IP Address: ");
Serial.println(ip);

    // print your MAC address:
byte mac[6];
WiFi.macAddress(mac);
Serial.print("MAC address: ");
Serial.print(mac[0], HEX);
Serial.print(":");
Serial.print(mac[1], HEX);
Serial.print(":");
Serial.print(mac[2], HEX);
Serial.print(":");
Serial.print(mac[3], HEX);
Serial.print(":");
Serial.print(mac[4], HEX);
Serial.print(":");
Serial.println(mac[5], HEX);

// print the received signal strength:
long rssi = WiFi.RSSI();
Serial.print("signal strength (RSSI):");
Serial.print(rssi);
Serial.println(" dBm");
}
```

程式下載：https://github.com/brucetsao/Ameba_IOT_Programming

如下圖所示，我們可以看到透過安全連線連接網際網路結果畫面。

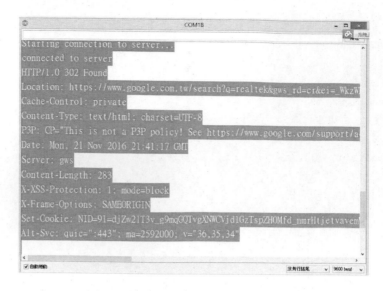

圖 24 透過安全連線連接網際網路結果畫面

章節小結

本章主要介紹之 Ameba RTL8195AM 開發板使用網路的基礎應用，相信讀者會對連接無線網路熱點，如何上網等網路基礎應用，有更深入的了解與體認。

CHAPTER

網路進階篇

本章主要介紹讀者如何使用 Ameba RTL8195AM 來使用網路來建構網路伺服器等進階使用，並透過網路伺服器等方式，進行網路校時、建立網頁伺服器取得 I/O 資訊等等的用法。

建立簡單的網頁伺服器

以往在網路議題上，建立網頁伺服器是一件非常具有技術的技術，隨著科技技術演進，大量各類的函式庫開放與流通，建立一個簡單的網頁伺服器不再是遙不可及的一件事，使用 Ameba RTL8195AM 開發版來做建立一個簡單的網頁伺服器更非難事，所以本節要介紹如何建立簡單的網頁伺服器，透過撰寫程式來建立一個簡單的網頁伺服器(曹永忠, 2016d; 曹永忠 et al., 2015e, 2015f)。

建立簡單的網頁伺服器實驗材料

如下圖所示，這個實驗我們需要用到的實驗硬體有下圖.(a)的 Ameba RTL8195AM、下圖.(b) MicroUSB 下載線：

(a). Ameba RTL8195AM   (b). MicroUSB 下載線

圖 25 建立簡單的網頁伺服器材料表

讀者可以參考下圖所示之建立簡單的網頁伺服器電路圖，進行電路組立。

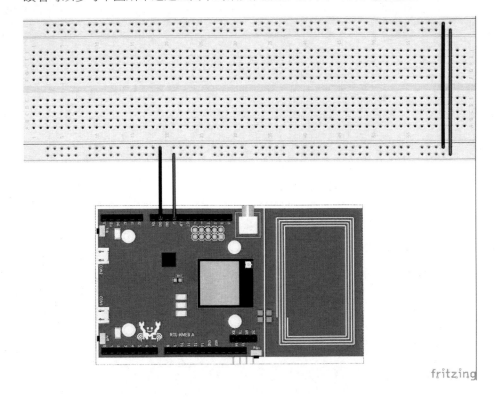

圖 26 建立簡單的網頁伺服器連接電路圖

我們遵照前幾章所述，將 Ameba RTL8195AM 開發板的驅動程式安裝好之後，我們打開 Ameba RTL8195AM 開發板的開發工具：Sketch IDE 整合開發軟體(軟體下載請到：https://www.arduino.cc/en/Main/Software，安裝 Ameba RTL8195AM SDK 請參考附錄之 Ameba RTL8195AM 安裝驅動程式)，攥寫一段程式，如下表所示之建立簡單的網頁伺服器測試程式，建立一個簡單的網頁伺服器。

表 12 建立簡單的網頁伺服器測試程式

建立簡單的網頁伺服器測試程式(WiFiWebServer)
#include <WiFi.h> uint8_t MacData[6]; char ssid[] = "PM25";   // your network SSID (name)

```
char pass[] = "qq12345678";          // your network password
int keyIndex = 0;                    // your network key Index number (needed only for WEP)


IPAddress   Meip ,Megateway ,Mesubnet ;
String MacAddress ;
int status = WL_IDLE_STATUS;

WiFiServer server(80);
void setup() {
  //Initialize serial and wait for port to open:
  Serial.begin(9600);
  while (!Serial) {
    ; // wait for serial port to connect. Needed for native USB port only
  }
  // check for the presence of the shield:
  if (WiFi.status() == WL_NO_SHIELD) {
    Serial.println("WiFi shield not present");
    // don't continue:
    while (true);
  }
  String fv = WiFi.firmwareVersion();
  if (fv != "1.1.0") {
    Serial.println("Please upgrade the firmware");
  }
    MacAddress = GetWifiMac() ; // get MacAddress
    ShowMac() ;           //Show Mac Address

  // attempt to connect to Wifi network:
    initializeWiFi();
    server.begin();
  // you're connected now, so print out the status:
    ShowInternetStatus();
}


void loop() {
  // listen for incoming clients
  WiFiClient client = server.available();
```

```
if (client) {
    Serial.println("new client");
    // an http request ends with a blank line
    boolean currentLineIsBlank = true;
    while (client.connected()) {
        if (client.available()) {
            char c = client.read();
            Serial.write(c);
            // if you've gotten to the end of the line (received a newline
            // character) and the line is blank, the http request has ended,
            // so you can send a reply
            if (c == '\n' && currentLineIsBlank) {
                // send a standard http response header
                client.println("HTTP/1.1 200 OK");
                client.println("Content-Type: text/html");
                client.println("Connection: close");    // the connection will be closed after
completion of the response
                client.println("Refresh: 5");    // refresh the page automatically every 5 sec
                client.println();
                client.println("<!DOCTYPE HTML>");
                client.println("<html>");
                // output the value of each analog input pin
                for (int analogChannel = 0; analogChannel < 6; analogChannel++) {
                    int sensorReading = analogRead(analogChannel);
                    client.print("analog input ");
                    client.print(analogChannel);
                    client.print(" is ");
                    client.print(sensorReading);
                    client.println("<br />");
                }
                client.println("</html>");
                break;
            }
            if (c == '\n') {
                // you're starting a new line
                currentLineIsBlank = true;
            } else if (c != '\r') {
                // you've gotten a character on the current line
                currentLineIsBlank = false;
```

```
          }
        }
      }
      // give the web browser time to receive the data
      delay(1);

      // close the connection:
      client.stop();
      Serial.println("client disonnected");
    }
}



void ShowMac()
{

      Serial.print("MAC:");
      Serial.print(MacAddress);
      Serial.print("\n");

}




String GetWifiMac()
{
    String tt ;
    String t1,t2,t3,t4,t5,t6 ;
    WiFi.status();        //this method must be used for get MAC
   WiFi.macAddress(MacData);

  Serial.print("Mac:");
   Serial.print(MacData[0],HEX) ;
   Serial.print("/");
   Serial.print(MacData[1],HEX) ;
   Serial.print("/");
   Serial.print(MacData[2],HEX) ;
```

```
        Serial.print("/");
        Serial.print(MacData[3],HEX) ;
        Serial.print("/");
        Serial.print(MacData[4],HEX) ;
        Serial.print("/");
        Serial.print(MacData[5],HEX) ;
        Serial.print("~");

     t1 = print2HEX((int)MacData[0]);
     t2 = print2HEX((int)MacData[1]);
     t3 = print2HEX((int)MacData[2]);
     t4 = print2HEX((int)MacData[3]);
     t5 = print2HEX((int)MacData[4]);
     t6 = print2HEX((int)MacData[5]);
  tt = (t1+t2+t3+t4+t5+t6) ;
Serial.print(tt);
Serial.print("\n");

    return tt ;
}
String   print2HEX(int number) {
   String ttt ;
   if (number >= 0 && number < 16)
   {
      ttt = String("0") + String(number,HEX);
   }
   else
   {
        ttt = String(number,HEX);
   }
   return ttt ;
}




void printWifiData()
{
```

```
// print your WiFi shield's IP address:
Meip = WiFi.localIP();
Serial.print("IP Address: ");
Serial.println(Meip);
Serial.print("\n");

// print your MAC address:
byte mac[6];
WiFi.macAddress(mac);
Serial.print("MAC address: ");
Serial.print(mac[5], HEX);
Serial.print(":");
Serial.print(mac[4], HEX);
Serial.print(":");
Serial.print(mac[3], HEX);
Serial.print(":");
Serial.print(mac[2], HEX);
Serial.print(":");
Serial.print(mac[1], HEX);
Serial.print(":");
Serial.println(mac[0], HEX);

// print your subnet mask:
Mesubnet = WiFi.subnetMask();
Serial.print("NetMask: ");
Serial.println(Mesubnet);

// print your gateway address:
Megateway = WiFi.gatewayIP();
Serial.print("Gateway: ");
Serial.println(Megateway);
}

void ShowInternetStatus()
{

        if (WiFi.status())
          {
                Meip = WiFi.localIP();
```

```
                    Serial.print("Get IP is:");
                    Serial.print(Meip);
                    Serial.print("\n");


            }
            else
            {
                        Serial.print("DisConnected:");
                        Serial.print("\n");

            }


}


void initializeWiFi() {
    while (status != WL_CONNECTED) {
        Serial.print("Attempting to connect to SSID: ");
        Serial.println(ssid);
        // Connect to WPA/WPA2 network. Change this line if using open or WEP network:
        status = WiFi.begin(ssid, pass);
    //     status = WiFi.begin(ssid);

        // wait 10 seconds for connection:
        delay(10000);
    }
    Serial.print("\n Success to connect AP:") ;
    Serial.print(ssid) ;
    Serial.print("\n") ;

}
```

程式下載：https://github.com/brucetsao/Ameba_IOT_Programming

如下圖所示，我們可以看到建立簡單的網頁伺服器結果畫面。

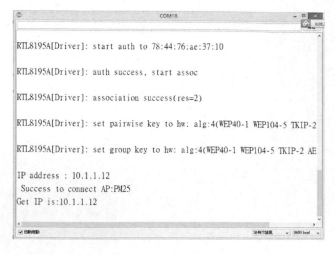

圖 27 建立簡單的網頁伺服器結果畫面

透過燈號指示網頁伺服器連線中

以往在網路議題上，建立網頁伺服器是一件非常具有技術的技術，隨著科技技術演進，大量各類的函式庫開放與流通，建立一個簡單的網頁伺服器不再是遙不可及的一件事，使用 Ameba RTL8195AM 開發版來做建立一個簡單的網頁伺服器更非難事，所以本節要介紹如何建立簡單的網頁伺服器，透過攥寫程式來建立一個簡單的網頁伺服器(曹永忠, 2016d; 曹永忠 et al., 2015e, 2015f)。

本文於上節不同之處，在於在 Ameba RTL8195AM 開發版透過發光二極體燈號來指示目前是否有人連線到網頁伺服器之中。

透過燈號指示網頁伺服器連線中實驗材料

如下圖所示，這個實驗我們需要用到的實驗硬體有下圖.(a)的 Ameba RTL8195AM、下圖.(b) MicroUSB 下載線、下圖.(c)發光二極體、下圖.(d) 220 歐姆電阻：

(a). Ameba RTL8195AM

(b). MicroUSB 下載線

(c). 發光二極體

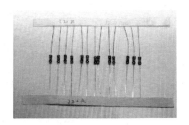

(d).220歐姆電阻

圖 28 透過燈號指示網頁伺服器連線中之材料表

讀者可以參考下圖所示之透過燈號指示網頁伺服器連線中電路圖，進行電路組立。

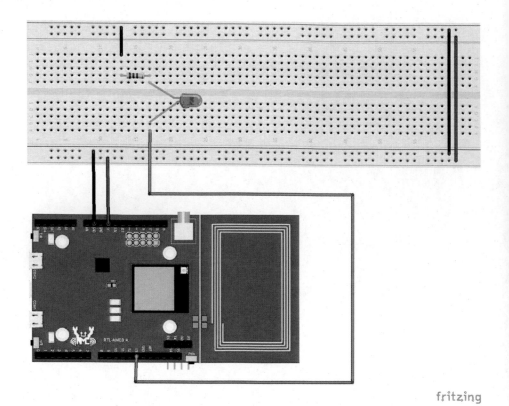

圖 29 透過燈號指示網頁伺服器連線中電路圖

我們遵照前幾章所述,將 Ameba RTL8195AM 開發板的驅動程式安裝好之後,我們打開 Ameba RTL8195AM 開發板的開發工具:Sketch IDE 整合開發軟體(軟體下載請到:https://www.arduino.cc/en/Main/Software,安裝 Ameba RTL8195AM SDK 請參考附錄之 Ameba RTL8195AM 安裝驅動程式),攥寫一段程式,如下表所示之透過燈號指示網頁伺服器連線中測試程式,建立一個簡單的網頁伺服器,並透過燈號指示來顯示是否有人連入本網頁伺服器。

表 13 透過燈號指示網頁伺服器連線中測試程式

透過燈號指示網頁伺服器連線中測試程式(WiFiWebServer_AccessLed)
#define AccessLedPin 13
#include <WiFi.h>

```
uint8_t MacData[6];
char ssid[] = "PM25";          // your network SSID (name)
char pass[] = "qq12345678";      // your network password
int keyIndex = 0;                  // your network key Index number (needed only for WEP)


IPAddress   Meip ,Megateway ,Mesubnet ;
String MacAddress ;
int status = WL_IDLE_STATUS;

WiFiServer server(80);
void setup() {
   pinMode(AccessLedPin,OUTPUT) ;
   digitalWrite(AccessLedPin,LOW) ;
   //Initialize serial and wait for port to open:
   Serial.begin(9600);
   while (!Serial) {
       ; // wait for serial port to connect. Needed for native USB port only
   }
   // check for the presence of the shield:
   if (WiFi.status() == WL_NO_SHIELD) {
       Serial.println("WiFi shield not present");
       // don't continue:
       while (true);
   }
   String fv = WiFi.firmwareVersion();
   if (fv != "1.1.0") {
       Serial.println("Please upgrade the firmware");
   }
       MacAddress = GetWifiMac() ; // get MacAddress
       ShowMac() ;           //Show Mac Address

   // attempt to connect to Wifi network:
       initializeWiFi();
       server.begin();
   // you're connected now, so print out the status:
       ShowInternetStatus();
```

```
}


void loop() {
  // listen for incoming clients
  WiFiClient client = server.available();
  if (client) {
      Serial.println("Now Someone Access WebServer");
      digitalWrite(AccessLedPin,HIGH) ;


    Serial.println("new client");
    // an http request ends with a blank line
    boolean currentLineIsBlank = true;
    while (client.connected()) {
      if (client.available()) {
        char c = client.read();
        Serial.write(c);
        // if you've gotten to the end of the line (received a newline
        // character) and the line is blank, the http request has ended,
        // so you can send a reply
        if (c == '\n' && currentLineIsBlank) {
          // send a standard http response header
          client.println("HTTP/1.1 200 OK");
          client.println("Content-Type: text/html");
          client.println("Connection: close");    // the connection will be closed after
completion of the response
          client.println("Refresh: 5");    // refresh the page automatically every 5 sec
          client.println();
          client.println("<!DOCTYPE HTML>");
          client.println("<html>");
          // output the value of each analog input pin
          for (int analogChannel = 0; analogChannel < 6; analogChannel++) {
            int sensorReading = analogRead(analogChannel);
            client.print("analog input ");
            client.print(analogChannel);
            client.print(" is ");
            client.print(sensorReading);
            client.println("<br />");
          }
```

```
                client.println("</html>");
                break;
            }
            if (c == '\n') {
                // you're starting a new line
                currentLineIsBlank = true;
            } else if (c != '\r') {
                // you've gotten a character on the current line
                currentLineIsBlank = false;
            }
        }
    }
    // give the web browser time to receive the data
    delay(1);

    // close the connection:
    client.stop();
    Serial.println("client disonnected");
  }
    digitalWrite(AccessLedPin,LOW) ;

}




void ShowMac()
{

    Serial.print("MAC:");
    Serial.print(MacAddress);
    Serial.print("\n");

}




String GetWifiMac()
{
```

```
    String tt ;
      String t1,t2,t3,t4,t5,t6 ;
      WiFi.status();        //this method must be used for get MAC
    WiFi.macAddress(MacData);

    Serial.print("Mac:");
     Serial.print(MacData[0],HEX) ;
     Serial.print("/");
     Serial.print(MacData[1],HEX) ;
     Serial.print("/");
     Serial.print(MacData[2],HEX) ;
     Serial.print("/");
     Serial.print(MacData[3],HEX) ;
     Serial.print("/");
     Serial.print(MacData[4],HEX) ;
     Serial.print("/");
     Serial.print(MacData[5],HEX) ;
     Serial.print("~");

     t1 = print2HEX((int)MacData[0]);
     t2 = print2HEX((int)MacData[1]);
     t3 = print2HEX((int)MacData[2]);
     t4 = print2HEX((int)MacData[3]);
     t5 = print2HEX((int)MacData[4]);
     t6 = print2HEX((int)MacData[5]);
   tt = (t1+t2+t3+t4+t5+t6) ;
Serial.print(tt);
Serial.print("\n");

    return tt ;
}
String   print2HEX(int number) {
    String ttt ;
    if (number >= 0 && number < 16)
    {
      ttt = String("0") + String(number,HEX);
    }
    else
    {
```

```
        ttt = String(number,HEX);
    }
    return ttt ;
}




void printWifiData()
{
    // print your WiFi shield's IP address:
    Meip = WiFi.localIP();
    Serial.print("IP Address: ");
    Serial.println(Meip);
    Serial.print("\n");

    // print your MAC address:
    byte mac[6];
    WiFi.macAddress(mac);
    Serial.print("MAC address: ");
    Serial.print(mac[5], HEX);
    Serial.print(":");
    Serial.print(mac[4], HEX);
    Serial.print(":");
    Serial.print(mac[3], HEX);
    Serial.print(":");
    Serial.print(mac[2], HEX);
    Serial.print(":");
    Serial.print(mac[1], HEX);
    Serial.print(":");
    Serial.println(mac[0], HEX);

    // print your subnet mask:
    Mesubnet = WiFi.subnetMask();
    Serial.print("NetMask: ");
    Serial.println(Mesubnet);

    // print your gateway address:
```

```
    Megateway = WiFi.gatewayIP();
    Serial.print("Gateway: ");
    Serial.println(Megateway);
}

void ShowInternetStatus()
{

        if (WiFi.status())
          {
                Meip = WiFi.localIP();
                Serial.print("Get IP is:");
                Serial.print(Meip);
                Serial.print("\n");


          }
          else
          {

                      Serial.print("DisConnected:");
                      Serial.print("\n");

          }


}

void initializeWiFi() {
    while (status != WL_CONNECTED) {
      Serial.print("Attempting to connect to SSID: ");
      Serial.println(ssid);
      // Connect to WPA/WPA2 network. Change this line if using open or WEP network:
      status = WiFi.begin(ssid, pass);
    //    status = WiFi.begin(ssid);

      // wait 10 seconds for connection:
      delay(10000);
    }
    Serial.print("\n Success to connect AP:") ;
    Serial.print(ssid) ;
    Serial.print("\n") ;
```

```
}
```

程式下載：https://github.com/brucetsao/Ameba_IOT_Programming

如下圖所示，我們可以看到透過燈號指示網頁伺服器連線中結果畫面。

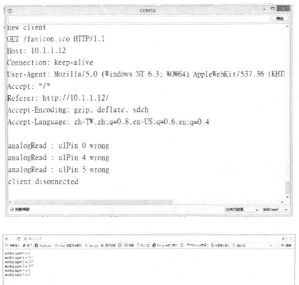

圖 30 透過燈號指示網頁伺服器連線中結果畫面

切換開發版為無線基地台

在網路連接議題上，無線基地台是非常重要的一個關鍵點，如果可以讓 Ameba RTL8195AM 開發板變成一個的無線基地台，那將是一大助益，所以本文將會教讀者如何將 Ameba RTL8195AM 開發板變成環境可連接之無線基地台，透過攥寫程式切換開發版為無線基地台(Access Point)。

切換開發版為無線基地台實驗材料

如下圖所示，這個實驗我們需要用到的實驗硬體有下圖.(a)的 Ameba RTL8195AM、下圖.(b) MicroUSB 下載線：

(a). Ameba RTL8195AM   (b). MicroUSB 下載線

圖 31 切換開發版為無線基地台材料表

讀者可以參考下圖所示之切換開發版為無線基地台電路圖，進行電路組立。

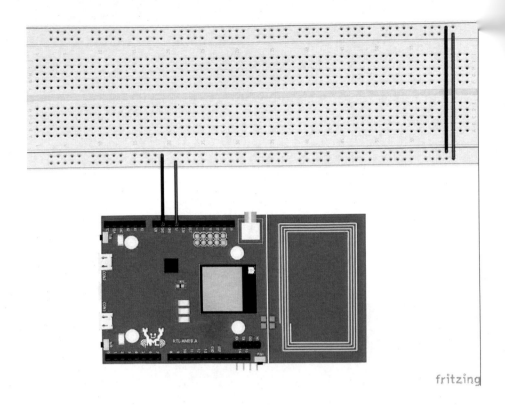

圖 32 切換開發版為無線基地台電路圖

　　我們遵照前幾章所述，將 Ameba RTL8195AM 開發板的驅動程式安裝好之後，我們打開 Ameba RTL8195AM 開發板的開發工具：Sketch IDE 整合開發軟體(軟體下載請到：https://www.arduino.cc/en/Main/Software，安裝 Ameba RTL8195AM SDK 請參考附錄之 Ameba RTL8195AM 安裝驅動程式)，，攥寫一段程式，如下表所示之切換開發版為無線基地台測試程式，將 Ameba RTL8195AM 轉成一台無線基地台。

表 14 切換開發版為無線基地台測試程式

切換開發版為無線基地台測試程式(WIFIAPMODE)
#include <WiFi.h> char ssid[] = "Ameba";　//Set the AP's SSID char pass[] = "12345678";　//Set the AP's password

```
char channel[] = "1";              //Set the AP's channel
int status = WL_IDLE_STATUS;        // the Wifi radio's status

void setup() {
  //Initialize serial and wait for port to open:
  Serial.begin(9600);
  while (!Serial) {
    ; // wait for serial port to connect. Needed for native USB port only
  }

  // check for the presence of the shield:
  if (WiFi.status() == WL_NO_SHIELD) {
    Serial.println("WiFi shield not present");
    while (true);
  }
  String fv = WiFi.firmwareVersion();
  if (fv != "1.1.0") {
    Serial.println("Please upgrade the firmware");
  }

  // attempt to start AP:
  while (status != WL_CONNECTED) {
    Serial.print("Attempting to start AP with SSID: ");
    Serial.println(ssid);
    status = WiFi.apbegin(ssid, pass, channel);
    delay(10000);
  }

  //AP MODE already started:
  Serial.println("AP mode already started");
  Serial.println();
  printWifiData();
  printCurrentNet();
}

void loop() {
  // check the network connection once every 10 seconds:
  delay(10000);
  printCurrentNet();
```

```
}

void printWifiData() {
    // print your WiFi shield's IP address:
    IPAddress ip = WiFi.localIP();
    Serial.print("IP Address: ");
    Serial.println(ip);

    // print your subnet mask:
    IPAddress subnet = WiFi.subnetMask();
    Serial.print("NetMask: ");
    Serial.println(subnet);

    // print your gateway address:
    IPAddress gateway = WiFi.gatewayIP();
    Serial.print("Gateway: ");
    Serial.println(gateway);
    Serial.println();
}

void printCurrentNet() {
    // print the SSID of the AP:
    Serial.print("SSID: ");
    Serial.println(WiFi.SSID());

    // print the MAC address of AP:
    byte bssid[6];
    WiFi.BSSID(bssid);
    Serial.print("BSSID: ");
    Serial.print(bssid[0], HEX);
    Serial.print(":");
    Serial.print(bssid[1], HEX);
    Serial.print(":");
    Serial.print(bssid[2], HEX);
    Serial.print(":");
    Serial.print(bssid[3], HEX);
    Serial.print(":");
    Serial.print(bssid[4], HEX);
    Serial.print(":");
```

```
Serial.println(bssid[5], HEX);

// print the encryption type:
byte encryption = WiFi.encryptionType();
Serial.print("Encryption Type:");
Serial.println(encryption, HEX);
Serial.println();
}
```

程式下載：https://github.com/brucetsao/Ameba_IOT_Programming

如下圖所示，我們可以看到取得環境可連接之無線基地台之結果畫面。

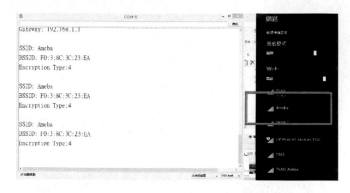

圖 33 切換開發版為無線基地台結果畫面

以無線基地台模式建立網頁伺服器

由於我們必須知道 Ameba RTL8195AM 開發版建立的網頁伺服器的網址(IP Addresc)，或透過 DDNS²的轉址，方能連接到 Ameba RTL8195AM 開發版建立的網頁伺服器，如果 Ameba RTL8195AM 開發版建立的網頁伺服器有處在虛擬網址(IP

---

² 動態 DNS（英語：Dynamic DNS，簡稱 DDNS）是域名系統（DNS）中的一種自動更新名稱伺服器（Name server）內容的技術。根據網際網路的域名訂立規則，域名必須跟從固定的 IP 位址。但動態 DNS 系統為動態網域提供一個固定的名稱伺服器（Name server），透過即時更新，使外界用戶能夠連上動態用戶的網址。(https://zh.wikipedia.org/wiki/%E5%8B%95%E6%85%8BDNS)

~ 76 ~

Address)上，如沒有 Port Mapping[3]或同一網域，更不可能連到 Ameba RTL8195AM 開發版建立的網頁伺服器。

所以如果我們可以讓 Ameba RTL8195AM 開發版以無線基地台模式建立網頁伺服器，上節中，我們已經可以讓 Ameba RTL8195AM 開發版當成一個無線基地台(Wifi Access Point)，我們也可以讓 Ameba RTL8195AM 開發版 Ameba RTL8195AM 開發版。

以無線基地台模式建立網頁伺服器實驗材料

如下圖所示，這個實驗我們需要用到的實驗硬體有下圖.(a)的 Ameba RTL8195AM、下圖.(b) MicroUSB 下載線：

(a). Ameba RTL8195AM   (b). MicroUSB 下載線

圖 34 以無線基地台模式建立網頁伺服器材料表

讀者可以參考下圖所示之透過燈號指示網頁伺服器連線中電路圖，進行電路組立。

---

[3] In computer networking, port forwarding or port mapping is an application of network address translation (NAT) that redirects a communication request from one address and port number combination to another while the packets are traversing a network gateway, such as a router or firewall. This technique is most commonly used to make services on a host residing on a protected or masqueraded (internal) network available to hosts on the opposite side of the gateway (external network), by remapping the destination IP address and port number of the communication to an internal host.(https://en.wikipedia.org/wiki/Port_forwarding)

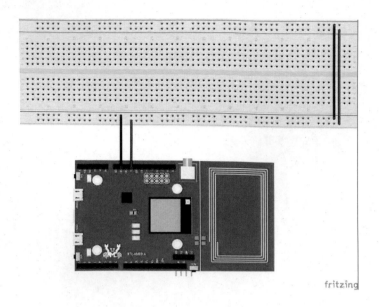

圖 35 以無線基地台模式建立網頁伺服器電路圖

我們遵照前幾章所述，將 Ameba RTL8195AM 開發板的驅動程式安裝好之後，我們打開 Ameba RTL8195AM 開發板的開發工具：Sketch IDE 整合開發軟體(軟體下載請到：https://www.arduino.cc/en/Main/Software，安裝 Ameba RTL8195AM SDK 請參考附錄之 Ameba RTL8195AM 安裝驅動程式)，攥寫一段程式，如下表所示之以無線基地台模式建立網頁伺服器測試程式，讓 Ameba RTL8195AM 開發版當成一個無線基地台(Wifi Access Point)之後，透過這台無線基地台(Wifi Access Point)當為一台網頁伺服器(曹永忠, 2016d)。

表 15 以無線基地台模式建立網頁伺服器測試程式

以無線基地台模式建立網頁伺服器測試程式(WIFIAPMODE_WebServer)
#include <WiFi.h>
uint8_t MacData[6];
char ssid[] = "Ameba";   //Set the AP's SSID
char pass[] = "12345678";   //Set the AP's password
char channel[] = "1";   //Set the AP's channel
IPAddress   Meip ,Megateway ,Msubnet ;
String MacAddress ;
int status = WL_IDLE_STATUS;

```
WiFiServer server(80);

void setup() {
  //Initialize serial and wait for port to open:
  Serial.begin(9600);
  while (!Serial) {
    ; // wait for serial port to connect. Needed for native USB port only
  }

  // check for the presence of the shield:
  if (WiFi.status() == WL_NO_SHIELD) {
    Serial.println("WiFi shield not present");
    while (true);
  }
  String fv = WiFi.firmwareVersion();
  if (fv != "1.1.0") {
    Serial.println("Please upgrade the firmware");
  }

    MacAddress = GetWifiMac() ; // get MacAddress
    ShowMac() ;          //Show Mac Address

  // attempt to start AP:
  while (status != WL_CONNECTED) {
    Serial.print("Attempting to start AP with SSID: ");
    Serial.println(ssid);
    status = WiFi.apbegin(ssid, pass, channel);

    delay(10000);
  }

  //AP MODE already started:
  Serial.println("AP mode already started");
  Serial.println();
      server.begin();
  Serial.println("Web Server    start");
  // you're connected now, so print out the status:
    printCurrentNet();
```

```
}

void loop() {
  // listen for incoming clients
  WiFiClient client = server.available();
  if (client) {
    Serial.println("new client");
    // an http request ends with a blank line
    boolean currentLineIsBlank = true;
    while (client.connected()) {
      if (client.available()) {
        char c = client.read();
        Serial.write(c);
        // if you've gotten to the end of the line (received a newline
        // character) and the line is blank, the http request has ended,
        // so you can send a reply
        if (c == '\n' && currentLineIsBlank) {
          // send a standard http response header
          client.println("HTTP/1.1 200 OK");
          client.println("Content-Type: text/html");
          client.println("Connection: close");    // the connection will be closed after
completion of the response
          client.println("Refresh: 5");    // refresh the page automatically every 5 sec
          client.println();
          client.println("<!DOCTYPE HTML>");
          client.println("<html>");
          // output the value of each analog input pin
          for (int analogChannel = 0; analogChannel < 6; analogChannel++) {
            int sensorReading = analogRead(analogChannel);
            client.print("analog input ");
            client.print(analogChannel);
            client.print(" is ");
            client.print(sensorReading);
            client.println("<br />");
          }
          client.println("</html>");
          break;
        }
        if (c == '\n') {
```

```
                    // you're starting a new line
                    currentLineIsBlank = true;
                } else if (c != '\r') {
                    // you've gotten a character on the current line
                    currentLineIsBlank = false;
                }
            }
        }
        // give the web browser time to receive the data
        delay(1);

        // close the connection:
        client.stop();
        Serial.println("client disonnected");
    }
}



void ShowMac()
{

        Serial.print("MAC:");
        Serial.print(MacAddress);
        Serial.print("\n");

}



String GetWifiMac()
{
    String tt ;
    String t1,t2,t3,t4,t5,t6 ;
    WiFi.status();      //this method must be used for get MAC
    WiFi.macAddress(MacData);

    Serial.print("Mac:");
```

```
    Serial.print(MacData[0],HEX) ;
    Serial.print("/");
    Serial.print(MacData[1],HEX) ;
    Serial.print("/");
    Serial.print(MacData[2],HEX) ;
    Serial.print("/");
    Serial.print(MacData[3],HEX) ;
    Serial.print("/");
    Serial.print(MacData[4],HEX) ;
    Serial.print("/");
    Serial.print(MacData[5],HEX) ;
    Serial.print("~");

    t1 = print2HEX((int)MacData[0]);
    t2 = print2HEX((int)MacData[1]);
    t3 = print2HEX((int)MacData[2]);
    t4 = print2HEX((int)MacData[3]);
    t5 = print2HEX((int)MacData[4]);
    t6 = print2HEX((int)MacData[5]);
 tt = (t1+t2+t3+t4+t5+t6) ;
Serial.print(tt);
Serial.print("\n");

    return tt ;
}
String    print2HEX(int number) {
    String ttt ;
    if (number >= 0 && number < 16)
    {
        ttt = String("0") + String(number,HEX);
    }
    else
    {
        ttt = String(number,HEX);
    }
    return ttt ;
}
```

```
void ShowInternetStatus()
{

        if (WiFi.status())
          {
                Meip = WiFi.localIP();
                Serial.print("Get IP is:");
                Serial.print(Meip);
                Serial.print("\n");


          }
        else
          {

                    Serial.print("DisConnected:");
                    Serial.print("\n");

          }


}

void initializeWiFi() {
   while (status != WL_CONNECTED) {
      Serial.print("Attempting to connect to SSID: ");
      Serial.println(ssid);
      // Connect to WPA/WPA2 network. Change this line if using open or WEP network:
      status = WiFi.begin(ssid, pass);
   //    status = WiFi.begin(ssid);

      // wait 10 seconds for connection:
      delay(10000);
   }
   Serial.print("\n Success to connect AP:") ;
   Serial.print(ssid) ;
   Serial.print("\n") ;


}

void printWifiData() {
```

```
    // print your WiFi shield's IP address:
    IPAddress ip = WiFi.localIP();
    Serial.print("IP Address: ");
    Serial.println(ip);

    // print your subnet mask:
    IPAddress subnet = WiFi.subnetMask();
    Serial.print("NetMask: ");
    Serial.println(subnet);

    // print your gateway address:
    IPAddress gateway = WiFi.gatewayIP();
    Serial.print("Gateway: ");
    Serial.println(gateway);
    Serial.println();
}

void printCurrentNet() {
    // print the SSID of the AP:
    Serial.print("SSID: ");
    Serial.println(WiFi.SSID());

    // print the MAC address of AP:
    byte bssid[6];
    WiFi.BSSID(bssid);
    Serial.print("BSSID: ");
    Serial.print(bssid[0], HEX);
    Serial.print(":");
    Serial.print(bssid[1], HEX);
    Serial.print(":");
    Serial.print(bssid[2], HEX);
    Serial.print(":");
    Serial.print(bssid[3], HEX);
    Serial.print(":");
    Serial.print(bssid[4], HEX);
    Serial.print(":");
    Serial.println(bssid[5], HEX);

    // print the encryption type:
```

```
byte encryption = WiFi.encryptionType();
Serial.print("Encryption Type:");
Serial.println(encryption, HEX);
Serial.println();
}
```

如下圖所示，我們可以看到以無線基地台模式建立網頁伺服器。

圖 36 以無線基地台模式建立網頁伺服器結果畫面

透過網際網路取得即時時間

本文要介紹讀者如何使用 Ameba RTL8195AM 開發版，透過網際網路取得即時時間，由於即時時間與正確時間對於對物聯網開發，是一個非常重要的議題。所以本章節目地就要教讀者如何取得即時時間來應用在以後的開發之中(曹永忠，2016d)。

連接無線基地台實驗材料

如下圖所示，這個實驗我們需要用到的實驗硬體有下圖.(a)的 Ameba RTL8195AM、下圖.(b) MicroUSB 下載線：

(a). Ameba RTL8195AM   (b). MicroUSB 下載線

圖 37 透過網際網路取得即時時間材料表

讀者可以參考下圖所示之透過網際網路取得即時時間電路圖，進行電路組立。

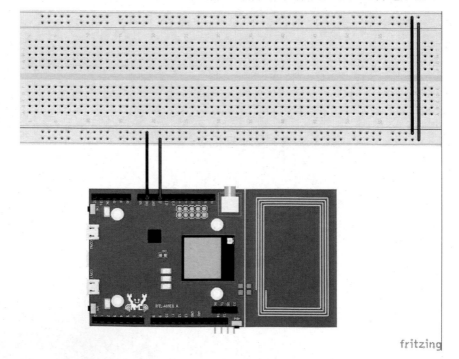

圖 38 透過網際網路取得即時時間電路圖

　　我們遵照前幾章所述，將 Ameba RTL8195AM 開發板的驅動程式安裝好之後，

我們打開 Ameba RTL8195AM 開發板的開發工具：Sketch IDE 整合開發軟體(軟體下

載請到：https://www.arduino.cc/en/Main/Software，安裝 Ameba RTL8195AM SDK 請參

考附錄之 Ameba RTL8195AM 安裝驅動程式)，攢寫一段程式，如下表所示之透過

網際網路取得即時時間測試程式，取得即時時間(曹永忠, 2016a, 2016c, 2016d, 2016e,

2016f, 2016g)。

表 16 透過網際網路取得即時時間測試程式(WPA 模式)

透過網際網路取得即時時間測試程式(WPA 模式) (WiFiUdpNtpGetTime)
| ```
#include <WiFi.h>
#include <WiFiUdp.h>

uint8_t MacData[6];
char ssid[] = "PM25";            // your network SSID (name)
char pass[] = "qq12345678";        // your network password
int keyIndex = 0;                  // your network key Index number (needed only for WEP)

unsigned int localPort = 2390;        // local port to listen for UDP packets

IPAddress timeServer(129, 6, 15, 28); // time.nist.gov NTP server

const int NTP_PACKET_SIZE = 48; // NTP time stamp is in the first 48 bytes of the mes-
sage

byte packetBuffer[ NTP_PACKET_SIZE]; //buffer to hold incoming and outgoing packets

// A UDP instance to let us send and receive packets over UDP
WiFiUDP Udp;
IPAddress   Meip ,Megateway ,Mesubnet ;
String MacAddress ;
int status = WL_IDLE_STATUS;
``` |
```

```
void setup()
{
    // Open serial communications and wait for port to open:
    Serial.begin(9600);
    while (!Serial) {
        ; // wait for serial port to connect. Needed for native USB port only
    }

    // check for the presence of the shield:
    if (WiFi.status() == WL_NO_SHIELD)
    {
        Serial.println("WiFi shield not present");
        // don't continue:
        while (true);
    }

    String fv = WiFi.firmwareVersion();
    if (fv != "1.1.0")
    {
        Serial.println("Please upgrade the firmware");
    }

        MacAddress = GetWifiMac() ; // get MacAddress
        ShowMac() ;            //Show Mac Address

    // attempt to connect to Wifi network:
        initializeWiFi();

    Serial.println("Connected to wifi");
        ShowInternetStatus();

    Serial.println("Starting connection to server...");
    Udp.begin(localPort);
}

void loop() {
    sendNTPpacket(timeServer); // send an NTP packet to a time server
    // wait to see if a reply is available
    delay(1000);
```

```
  Serial.println(Udp.parsePacket());
if (Udp.parsePacket()) {
  Serial.println("packet received");
  // We've received a packet, read the data from it
  Udp.read(packetBuffer, NTP_PACKET_SIZE); // read the packet into the buffer

  //the timestamp starts at byte 40 of the received packet and is four bytes,
  // or two words, long. First, esxtract the two words:

  unsigned long highWord = word(packetBuffer[40], packetBuffer[41]);
  unsigned long lowWord = word(packetBuffer[42], packetBuffer[43]);
  // combine the four bytes (two words) into a long integer
  // this is NTP time (seconds since Jan 1 1900):
  unsigned long secsSince1900 = highWord << 16 | lowWord;
  Serial.print("Seconds since Jan 1 1900 = ");
  Serial.println(secsSince1900);

  // now convert NTP time into everyday time:
  Serial.print("Unix time = ");
  // Unix time starts on Jan 1 1970. In seconds, that's 2208988800:
  const unsigned long seventyYears = 2208988800UL;
  // subtract seventy years:
  unsigned long epoch = secsSince1900 - seventyYears;
  // print Unix time:
  Serial.println(epoch);


  // print the hour, minute and second:
  Serial.print("The UTC time is ");           // UTC is the time at Greenwich Meridian
(GMT)
  Serial.print((epoch    % 86400L) / 3600); // print the hour (86400 equals secs per day)
  Serial.print(':');
  if (((epoch % 3600) / 60) < 10) {
    // In the first 10 minutes of each hour, we'll want a leading '0'
    Serial.print('0');
  }
  Serial.print((epoch    % 3600) / 60); // print the minute (3600 equals secs per minute)
  Serial.print(':');
  if ((epoch % 60) < 10) {
```

```
      // In the first 10 seconds of each minute, we'll want a leading '0'
      Serial.print('0');
    }
    Serial.println(epoch % 60); // print the second
  }
  // wait ten seconds before asking for the time again
  delay(10000);
}


// send an NTP request to the time server at the given address
unsigned long sendNTPpacket(IPAddress& address) {
  //Serial.println("1");
  // set all bytes in the buffer to 0
  memset(packetBuffer, 0, NTP_PACKET_SIZE);
  // Initialize values needed to form NTP request
  // (see URL above for details on the packets)
  //Serial.println("2");
  packetBuffer[0] = 0b11100011;     // LI, Version, Mode
  packetBuffer[1] = 0;          // Stratum, or type of clock
  packetBuffer[2] = 6;          // Polling Interval
  packetBuffer[3] = 0xEC;    // Peer Clock Precision
  // 8 bytes of zero for Root Delay & Root Dispersion
  packetBuffer[12]    = 49;
  packetBuffer[13]    = 0x4E;
  packetBuffer[14]    = 49;
  packetBuffer[15]    = 52;


  //Serial.println("3");


  // all NTP fields have been given values, now
  // you can send a packet requesting a timestamp:
  Udp.beginPacket(address, 123); //NTP requests are to port 123
  //Serial.println("4");
  Udp.write(packetBuffer, NTP_PACKET_SIZE);
  //Serial.println("5");
  Udp.endPacket();
  //Serial.println("6");
}
```

```
void ShowMac()
{

    Serial.print("MAC:");
    Serial.print(MacAddress);
    Serial.print("\n");


}




String GetWifiMac()
{
   String tt ;
    String t1,t2,t3,t4,t5,t6 ;
    WiFi.status();        //this method must be used for get MAC
   WiFi.macAddress(MacData);

   Serial.print("Mac:");
    Serial.print(MacData[0],HEX) ;
    Serial.print("/");
    Serial.print(MacData[1],HEX) ;
    Serial.print("/");
    Serial.print(MacData[2],HEX) ;
    Serial.print("/");
    Serial.print(MacData[3],HEX) ;
    Serial.print("/");
    Serial.print(MacData[4],HEX) ;
    Serial.print("/");
    Serial.print(MacData[5],HEX) ;
    Serial.print("~");

    t1 = print2HEX((int)MacData[0]);
    t2 = print2HEX((int)MacData[1]);
    t3 = print2HEX((int)MacData[2]);
    t4 = print2HEX((int)MacData[3]);
    t5 = print2HEX((int)MacData[4]);
```

```
     t6 = print2HEX((int)MacData[5]);
  tt = (t1+t2+t3+t4+t5+t6) ;
Serial.print(tt);
Serial.print("\n");


  return tt ;
}
String   print2HEX(int number) {
  String ttt ;
  if (number >= 0 && number < 16)
  {
    ttt = String("0") + String(number,HEX);
  }
  else
  {
      ttt = String(number,HEX);
  }
  return ttt ;
}




void printWifiData()
{
  // print your WiFi shield's IP address:
  Meip = WiFi.localIP();
  Serial.print("IP Address: ");
  Serial.println(Meip);
  Serial.print("\n");

  // print your MAC address:
  byte mac[6];
  WiFi.macAddress(mac);
  Serial.print("MAC address: ");
  Serial.print(mac[5], HEX);
  Serial.print(":");
  Serial.print(mac[4], HEX);
```

```
Serial.print(":");
Serial.print(mac[3], HEX);
Serial.print(":");
Serial.print(mac[2], HEX);
Serial.print(":");
Serial.print(mac[1], HEX);
Serial.print(":");
Serial.println(mac[0], HEX);

// print your subnet mask:
Mesubnet = WiFi.subnetMask();
Serial.print("NetMask: ");
Serial.println(Mesubnet);

// print your gateway address:
Megateway = WiFi.gatewayIP();
Serial.print("Gateway: ");
Serial.println(Megateway);
}

void ShowInternetStatus()
{

        if (WiFi.status())
          {
                Meip = WiFi.localIP();
                Serial.print("Get IP is:");
                Serial.print(Meip);
                Serial.print("\n");


          }
        else
          {

                        Serial.print("DisConnected:");
                        Serial.print("\n");

          }


}
```

```
void initializeWiFi() {
  while (status != WL_CONNECTED) {
    Serial.print("Attempting to connect to SSID: ");
    Serial.println(ssid);
    // Connect to WPA/WPA2 network. Change this line if using open or WEP network:
    status = WiFi.begin(ssid, pass);
//      status = WiFi.begin(ssid);

    // wait 10 seconds for connection:
    delay(10000);
  }
  Serial.print("\n Success to connect AP:") ;
  Serial.print(ssid) ;
  Serial.print("\n") ;

}
```

程式下載：https://github.com/brucetsao/Ameba_IOT_Programming

如下圖所示，我們可以看到透過網際網路取得即時時間結果畫面。

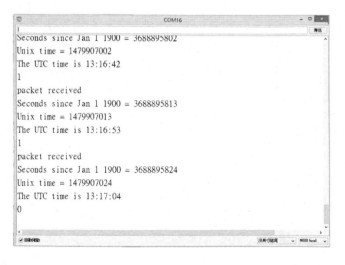

圖 39 透過網際網路取得即時時間結果畫面

透過網際網路取得即時日期與時間

本文要介紹讀者如何使用 Ameba RTL8195AM 開發版，透過網際網路取得即時時間，由於即時時間與正確時間對於對物聯網開發，是一個非常重要的議題。所以本章(曹永忠, 2016d)節目地就要教讀者如何取得即時日期與時間來應用在以後的開發之中。

連接無線基地台實驗材料

如下圖所示，這個實驗我們需要用到的實驗硬體有下圖.(a)的 Ameba RTL8195AM、下圖.(b) MicroUSB 下載線：

(a). Ameba RTL8195AM   (b). MicroUSB 下載線

圖 40 透過網際網路取得即時日期與時間材料表

讀者可以參考下圖所示之透過網際網路取得即時日期與時間電路圖，進行電路組立。

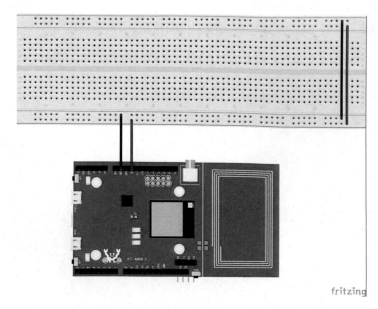

圖 41 透過網際網路取得即時日期與時間電路圖

我們遵照前幾章所述，將 Ameba RTL8195AM 開發板的驅動程式安裝好之後，我們打開 Ameba RTL8195AM 開發板的開發工具：Sketch IDE 整合開發軟體(軟體下載請到：https://www.arduino.cc/en/Main/Software，安裝 Ameba RTL8195AM SDK 請參考附錄之 Ameba RTL8195AM 安裝驅動程式)，攥寫一段程式，如下表所示之透過網際網路取得即時日期與時間測試程式，取得即時日期與時間(曹永忠, 2016a, 2016c, 2016d, 2016e, 2016f, 2016g)。

表 17 透過網際網路取得即時日期與時間測試程式(WPA 模式)

透過網際網路取得即時日期與時間測試程式(WPA 模式) (WiFiUdpNtpGetTime)
| ```
#include <WiFi.h>
#include <WiFiUdp.h>

uint8_t MacData[6];
char ssid[] = "PM25";          // your network SSID (name)
char pass[] = "qq12345678";        // your network password
int keyIndex = 0;                  // your network key Index number (needed only for WEP)


``` |
```

```
const int NTP_PACKET_SIZE = 48; // NTP time stamp is in the first 48 bytes of the message

const byte nptSendPacket[ NTP_PACKET_SIZE] = {
    0xE3, 0x00, 0x06, 0xEC, 0x00, 0x00, 0x00, 0x00,   0x00, 0x00, 0x00, 0x00, 0x31,
0x4E, 0x31, 0x34,
    0x00, 0x00, 0x00, 0x00, 0x00, 0x00, 0x00, 0x00,   0x00, 0x00, 0x00, 0x00, 0x00, 0x00,
0x00, 0x00,
    0x00, 0x00, 0x00, 0x00, 0x00, 0x00, 0x00, 0x00,   0x00, 0x00, 0x00, 0x00, 0x00, 0x00,
0x00, 0x00
};
byte ntpRecvBuffer[ NTP_PACKET_SIZE ];
#define LEAP_YEAR(Y)        ( ((1970+Y)>0) && !((1970+Y)%4) &&
( ((1970+Y)%100) || !((1970+Y)%400) ) )
static   const uint8_t monthDays[] = {31, 28, 31, 30, 31, 30, 31, 31, 30, 31, 30, 31}; // API
starts months from 1, this array starts from 0
uint32_t epochSystem = 0; // timestamp of system boot up

// A UDP instance to let us send and receive packets over UDP
WiFiUDP Udp;
const char ntpServer[] = "pool.ntp.org";
const long timeZoneOffset = 28800L;

IPAddress   Meip ,Megateway ,Mesubnet ;
String MacAddress ;
int status = WL_IDLE_STATUS;
int NDPyear, NDPmonth, NDPday, NDPhour, NDPminute, NDPsecond;
unsigned long epoch   ;

void setup()
{
  // Open serial communications and wait for port to open:
  Serial.begin(9600);
  while (!Serial) {
    ; // wait for serial port to connect. Needed for native USB port only
  }

  // check for the presence of the shield:
```

```
if (WiFi.status() == WL_NO_SHIELD)
{
    Serial.println("WiFi shield not present");
    // don't continue:
    while (true);
}

String fv = WiFi.firmwareVersion();
if (fv != "1.1.0")
{
    Serial.println("Please upgrade the firmware");
}

    MacAddress = GetWifiMac() ; // get MacAddress
    ShowMac() ;             //Show Mac Address

// attempt to connect to Wifi network:
    initializeWiFi();

Serial.println("Connected to wifi");
    ShowInternetStatus();
}

void loop() {
    retrieveNtpTime();
    //DateTime ttt;
    //      getCurrentTime(epoch+timeZoneOffset, &NDPyear, &NDPmonth, &NDPday,
&NDPhour, &NDPminute, &NDPsecond);
    getCurrentTime(epoch, &NDPyear, &NDPmonth, &NDPday, &NDPhour,
&NDPminute, &NDPsecond);
    //ttt->year = NDPyear ;
    Serial.print("NDP Date is :");
    Serial.print(StringDate(NDPyear, NDPmonth, NDPday));
    Serial.print("and ");
    Serial.print("NDP Time is :");
    Serial.print(StringTime(NDPhour, NDPminute, NDPsecond));
    Serial.print("\n");

    // wait ten seconds before asking for the time again
```

```
    delay(10000);
}

// send an NTP request to the time server at the given address
void retrieveNtpTime() {
Serial.println("Send NTP packet");

Udp.beginPacket(ntpServer, 123); //NTP requests are to port 123
Udp.write(nptSendPacket, NTP_PACKET_SIZE);
Udp.endPacket();

while (Udp.read(ntpRecvBuffer, NTP_PACKET_SIZE) <= 0) ;

Serial.println("NTP packet received");

unsigned long highWord = word(ntpRecvBuffer[40], ntpRecvBuffer[41]);
unsigned long lowWord = word(ntpRecvBuffer[42], ntpRecvBuffer[43]);
unsigned long secsSince1900 = highWord << 16 | lowWord;
const unsigned long seventyYears = 2208988800UL;
// epoch = secsSince1900 - seventyYears + timeZoneOffset ;
epoch = secsSince1900 -seventyYears ;

epochSystem = epoch -   millis() / 1000 ;
}


void getCurrentTime(unsigned long epoch, int *year, int *month, int *day, int *hour, int
*minute, int *second) {
    int tempDay = 0;

    *hour = (epoch    % 86400L) / 3600;
    *minute = (epoch    % 3600) / 60;
    *second = epoch % 60;

    *year = 1970;
    *month = 0;
    *day = epoch / 86400;

    for (*year = 1970; ; (*year)++) {
```

```cpp
      if (tempDay + (LEAP_YEAR(*year) ? 366 : 365) > *day) {
        break;
      } else {
        tempDay += (LEAP_YEAR(*year) ? 366 : 365);
      }
    }
  tempDay = *day - tempDay; // the days left in a year
  for ((*month) = 0; (*month) < 12; (*month)++) {
    if ((*month) == 1) {
      if (LEAP_YEAR(*year)) {
        if (tempDay - 29 < 0) {
          break;
        } else {
          tempDay -= 29;
        }
      } else {
        if (tempDay - 28 < 0) {
          break;
        } else {
          tempDay -= 28;
        }
      }
    } else {
      if (tempDay - monthDays[(*month)] < 0) {
        break;
      } else {
        tempDay -= monthDays[(*month)];
      }
    }
  }
  (*month)++;
  *day = tempDay + 2; // one for base 1, one for current day
}

void ShowMac()
{

    Serial.print("MAC:");
    Serial.print(MacAddress);
```

```
        Serial.print("\n");


}




String GetWifiMac()
{
    String tt ;
    String t1,t2,t3,t4,t5,t6 ;
    WiFi.status();        //this method must be used for get MAC
   WiFi.macAddress(MacData);

   Serial.print("Mac:");
    Serial.print(MacData[0],HEX) ;
    Serial.print("/");
    Serial.print(MacData[1],HEX) ;
    Serial.print("/");
    Serial.print(MacData[2],HEX) ;
    Serial.print("/");
    Serial.print(MacData[3],HEX) ;
    Serial.print("/");
    Serial.print(MacData[4],HEX) ;
    Serial.print("/");
    Serial.print(MacData[5],HEX) ;
    Serial.print("~");

    t1 = print2HEX((int)MacData[0]);
    t2 = print2HEX((int)MacData[1]);
    t3 = print2HEX((int)MacData[2]);
    t4 = print2HEX((int)MacData[3]);
    t5 = print2HEX((int)MacData[4]);
    t6 = print2HEX((int)MacData[5]);
  tt = (t1+t2+t3+t4+t5+t6) ;
Serial.print(tt);
Serial.print("\n");

   return tt ;
```

```
}
String   print2HEX(int number) {
   String ttt ;
   if (number >= 0 && number < 16)
   {
      ttt = String("0") + String(number,HEX);
   }
   else
   {
        ttt = String(number,HEX);
   }
   return ttt ;
}




void printWifiData()
{
   // print your WiFi shield's IP address:
   Meip = WiFi.localIP();
   Serial.print("IP Address: ");
   Serial.println(Meip);
   Serial.print("\n");

   // print your MAC address:
   byte mac[6];
   WiFi.macAddress(mac);
   Serial.print("MAC address: ");
   Serial.print(mac[5], HEX);
   Serial.print(":");
   Serial.print(mac[4], HEX);
   Serial.print(":");
   Serial.print(mac[3], HEX);
   Serial.print(":");
   Serial.print(mac[2], HEX);
   Serial.print(":");
   Serial.print(mac[1], HEX);
```

```cpp
    Serial.print(":");
    Serial.println(mac[0], HEX);

    // print your subnet mask:
    Mesubnet = WiFi.subnetMask();
    Serial.print("NetMask: ");
    Serial.println(Mesubnet);

    // print your gateway address:
    Megateway = WiFi.gatewayIP();
    Serial.print("Gateway: ");
    Serial.println(Megateway);
}

void ShowInternetStatus()
{

        if (WiFi.status())
          {
                Meip = WiFi.localIP();
                Serial.print("Get IP is:");
                Serial.print(Meip);
                Serial.print("\n");


          }
        else
          {

                    Serial.print("DisConnected:");
                    Serial.print("\n");

          }

}

void initializeWiFi() {
  while (status != WL_CONNECTED) {
    Serial.print("Attempting to connect to SSID: ");
    Serial.println(ssid);
    // Connect to WPA/WPA2 network. Change this line if using open or WEP network:
    status = WiFi.begin(ssid, pass);
```

```
//      status = WiFi.begin(ssid);

    // wait 10 seconds for connection:
    delay(10000);
  }
  Serial.print("\n Success to connect AP:") ;
  Serial.print(ssid) ;
  Serial.print("\n") ;
    Udp.begin(2390);
}
String   StringDate(int yyy, int mmm, int ddd) {
  String ttt ;
  //nowT   = now;
  ttt = print4digits(yyy) + "-" + print2digits(mmm) + "-" + print2digits(ddd) ;
  return ttt ;
}



String   StringTime(int hhh, int mmm, int sss) {
  String ttt ;
  ttt = print2digits(hhh) + ":" + print2digits(mmm) + ":" + print2digits(sss) ;
  return ttt ;
}



String   print2digits(int number) {
  String ttt ;
  if (number >= 0 && number < 10)
  {
    ttt = String("0") + String(number);
  }
  else
  {
    ttt = String(number);
  }
  return ttt ;
}
```

```
String    print4digits(int number) {
  String ttt ;
  ttt = String(number);
  return ttt ;
}
```

程式下載：https://github.com/brucetsao/Ameba_IOT_Programming

如下圖所示，我們可以看到透過網際網路取得即時日期與時間結果畫面。

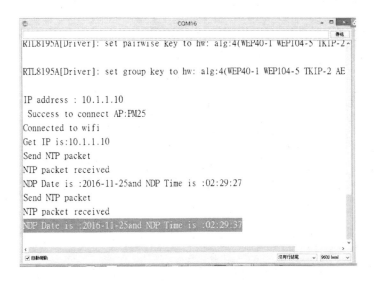

圖 42 透過網際網路取得即時日期與時間結果畫面

章節小結

本章主要介紹之 Ameba RTL8195AM 開發板使用網路的進階應用，相信讀者會

對 Ameba RTL8195AM 建立網站、取得網路資源或網路時間等等，有更深入的了解

與體認。

CHAPTER

進階 IO 篇

本章主要是教讀者使用輸入裝置(Input Device)與輸出裝置(Output Device)，透過單一裝置或兩個(含以上)的裝置，交互作用產生我們要的效果。

使用按鈕控制發光二極體明滅

本章節要教讀者使用按鈕模組，在使用者按下按鈕時，將發光二極體點亮，使用者放開按鈕時，發光二極體就熄滅。

使用按鈕控制發光二極體明滅實驗材料

如下圖所示，這個實驗我們需要用到的實驗硬體有下圖.(a)的 Ameba RTL8195AM、下圖.(b) MicroUSB 下載線、下圖.(c) Led 燈泡、下圖.(d) 220 歐姆電阻與下圖.(e) 按鈕模組：

(a). Ameba RTL8195AM

(b). MicroUSB 下載線

(c).Led 燈泡

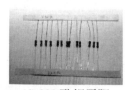

(d).220 歐姆電阻

(f).按鈕模組

圖 43 使用按鈕控制發光二極體明滅材料表

讀者可以參考下圖所示之使用按鈕控制發光二極體明滅電路圖，進行電路組立。

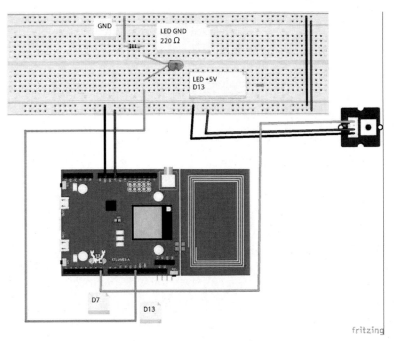

圖 44 使用按鈕控制發光二極體明滅電路圖

我們遵照前幾章所述，將 Ameba RTL8195AM 開發板的驅動程式安裝好之後，我們打開 Ameba RTL8195AM 開發板的開發工具：Sketch IDE 整合開發軟體(軟體下載請到：https://www.arduino.cc/en/Main/Software，安裝 Ameba RTL8195AM SDK 請參考附錄之 Ameba RTL8195AM 安裝驅動程式)，攥寫一段程式，如下表所示之使用按鈕控制發光二極體明滅，在使用者按下按鈕時，將發光二極體點亮，使用者放開按鈕時，發光二極體就熄滅(曹永忠, 2016b; 曹永忠, 吳佳駿, et al., 2016a, 2016b, 2016c; 曹永忠, 郭晉魁, et al., 2016a, 2016b)。

表 18 使用按鈕控制發光二極體明滅測試程式

使用按鈕控制發光二極體明滅測試程式(ButtonControlLed)
// the setup function runs once when you press reset or power the board
void setup() {

```
        // initialize digital pin 13 as an output.
        pinMode(13, OUTPUT);
        pinMode(7, INPUT);

}


// the loop function runs over and over again forever
void loop() {
//      if (digitalRead(7)== LOW)
        if (!digitalRead(7))
            {
                    digitalWrite(13, HIGH);
            }
            else
            {
                    digitalWrite(13, LOW);
            }

}
```

程式下載：<u>https://github.com/brucetsao/Ameba_IOT_Programming</u>

如下圖所示，我們可以看到使用按鈕控制發光二極體明滅結果畫面。

圖 45 使用按鈕控制發光二極體明滅結果畫面

使用光敏電阻控制發光二極體發光強度

一般資料輸入，有分數位輸入、數位輸出與類比輸入、類比輸出，本章節要教讀者使用類比輸入，根據輸入的值大小，在判斷值大小之後，根據值大小與輸入範圍之比率，在透過類比輸出控制輸出的量。如此一來，就不在是純粹的控制發光二極體點亮/滅這麼簡單，而是透過輸入資料的比率來控制明滅的亮度強度。

使用光敏電阻控制發光二極體發光強度實驗材料

如下圖所示，這個實驗我們需要用到的實驗硬體有下圖.(a)的 Ameba RTL8195AM、下圖.(b) MicroUSB 下載線、下圖.(c) Led 燈泡、下圖.(d) 220 歐姆電阻與下圖.(e) 光敏電阻模組：

(a). Ameba RTL8195AM

(b). MicroUSB 下載線

(c).Led燈泡

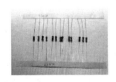

(d).220歐姆電阻

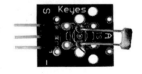

(f). 光敏電阻模組

圖 46 使用光敏電阻控制發光二極體發光強度材料表

由於本實驗使用光敏電阻模組，對光敏電阻有興趣讀者，可以參閱筆者拙作

『Arduino 程式教學(常用模組篇):Arduino Programming (37 Sensor Modules)』(曹永忠, 許智誠, & 蔡英德, 2015b, 2015c)來做深入研究。

其實一般仿間購買的光敏電阻模組(下圖.(b))，不外乎其原理是參考下圖.(a)所開發出來的模組，沒有購買下圖.(b) 的光敏電阻模組，也可自行參考下圖.(a)之光敏電阻量測電路示意圖，自行使用一個光敏電阻與一隻約 4.7k 歐姆的電阻，自行將光敏電阻模組實作出來。

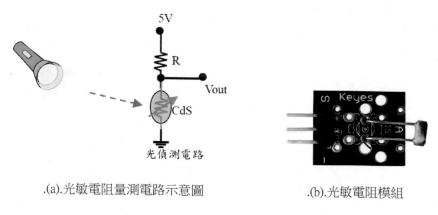

.(a).光敏電阻量測電路示意圖　　　　　　.(b).光敏電阻模組

圖 47 使用光敏電阻控制發光二極體發光強度電路圖

.(a).光敏電阻量測電路示意圖資料來源：綠園創客的科學學習單

(http://virginia0arduino.blogspot.tw/2016/06/blog-post.html)

讀者可以參考下圖所示之使用光敏電阻控制發光二極體發光強度使用光敏電阻控制發光二極體發光強度

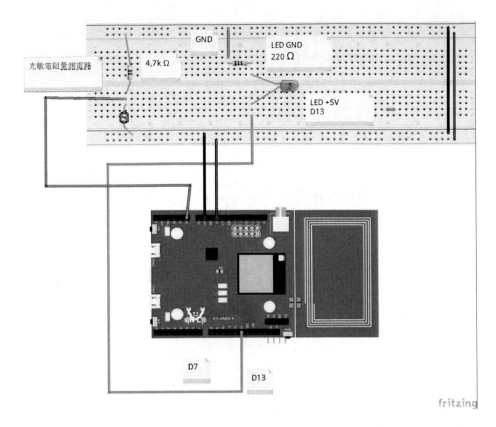

圖 48 使用光敏電阻控制發光二極體發光強度電路圖

讀者也可以參考下表之使用光敏電阻控制發光二極體發光強度接腳表，進行電路組立(曹永忠 et al., 2015b, 2015c)。

表 19 控制發光二極體發光接腳表

接腳	接腳說明	開發板接腳
1	麵包板 Vcc(紅線)	接電源正極(5V)
2	麵包板 GND(藍線)	接電源負極
3	220 歐姆電阻 A 端	開發板 digitalPin 13(D13)
4	220 歐姆電阻 B 端	Led 燈泡(正極端)
5	Led 燈泡(正極端)	220 歐姆電阻 B 端

接腳	接腳說明	開發板接腳
6	Led 燈泡(負極端)	麵包板 GND(藍線)

發光二極體零件

接腳	接腳說明	接腳名稱
1	VCC(+)	接電源正極(5V)
2	GND(-)	接電源負極
3	SIGNAL(S)	開發板 Analog 0(A0)

光敏電阻模組

我們遵照前幾章所述，將 Ameba RTL8195AM 開發板的驅動程式安裝好之後，我們打開 Ameba RTL8195AM 開發板的開發工具：Sketch IDE 整合開發軟體(軟體下載請到：https://www.arduino.cc/en/Main/Software，安裝 Ameba RTL8195AM SDK 請參考附錄之 Ameba RTL8195AM 安裝驅動程式)，攥寫一段程式，如下表所示之使用光敏電阻控制發光二極體發光強度，光敏電阻模組在接受環境光源強度大小來控制發光二極體發光強度(曹永忠, 2016b; 曹永忠, 吳佳駿, et al., 2016a, 2016b, 2016c; 曹永忠, 郭晉魁, et al., 2016a, 2016b)。

表 20 使用光敏電阻控制發光二極體發光強度測試程式

使用光敏電阻控制發光二極體發光強度測試程式(AnalogPWMControlLed)

// the setup function runs once when you press reset or power the board
#define PWMLedPin 13
#define LightSourcePin A0
 	
void setup() {

```
    // initialize digital pin 13 as an output.
    Serial.begin(9600) ;
    Serial.println("Program Start") ;


}

// the loop function runs over and over again forever
void loop() {
    int LightValue = map(analogRead(LightSourcePin),0,1023,255,0) ;
    Serial.println(LightValue) ;

    analogWrite(PWMLedPin,LightValue) ;
    delay(100) ;
}
```

程式下載：https://github.com/brucetsao/Ameba_IOT_Programming

如下圖所示，我們可以看到使用光敏電阻控制發光二極體發光強度結果畫面。

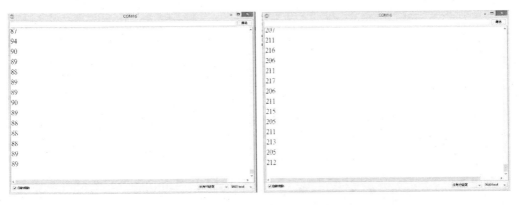

圖 49 使用光敏電阻控制發光二極體發光強度結果畫面

使用麥克風模組控制發光二極體發光強度

本章節要教讀者使用麥克風模組，在使用者發出聲時，透過聲音強弱來控制發光二極體之發光強度。

使用麥克風模組控制發光二極體發光強度實驗材料

如下圖所示，這個實驗我們需要用到的實驗硬體有下圖.(a)的 Ameba

RTL8195AM、下圖.(b) MicroUSB 下載線、下圖.(c) Led 燈泡、下圖.(d) 220 歐姆

電阻與下圖.(e) 麥克風模組：

(a). Ameba RTL8195AM

(b). MicroUSB 下載線

(c).Led燈泡

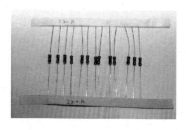

(d).220歐姆電阻

(f). 麥克風模組

圖 50 使用麥克風模組控制發光二極體發光強度材料表

讀者可以參考下圖所示之使用麥克風模組控制發光二極體發光強度電路圖，進

行電路組立。

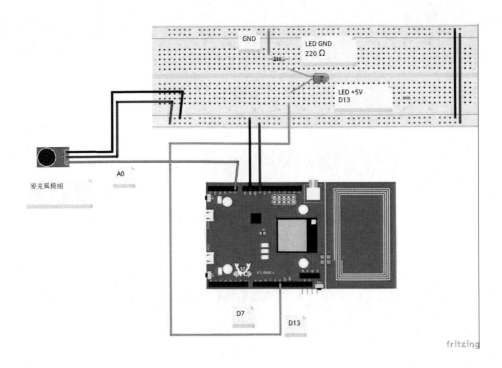

圖 51 使用麥克風模組控制發光二極體發光強度電路圖

讀者也可以參考下表之使用麥克風模組控制發光二極體發光強度接腳表，進行電路組立(曹永忠 et al., 2015b, 2015c)。

表 21 使用麥克風模組控制發光二極體發光強度接腳表

接腳	接腳說明	開發板接腳
1	麵包板 Vcc(紅線)	接電源正極(5V)
2	麵包板 GND(藍線)	接電源負極
3	220 歐姆電阻 A 端	開發板 digitalPin 13(D13)
4	220 歐姆電阻 B 端	Led 燈泡(正極端)
5	Led 燈泡(正極端)	220 歐姆電阻 B 端
6	Led 燈泡(負極端)	麵包板 GND(藍線)

接腳	接腳說明	開發板接腳
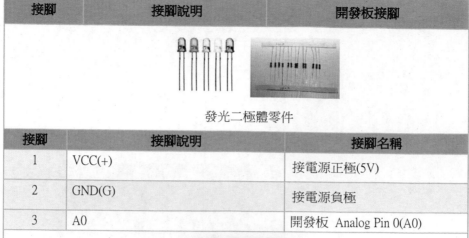 發光二極體零件		
接腳	接腳說明	接腳名稱
1	VCC(+)	接電源正極(5V)
2	GND(G)	接電源負極
3	A0	開發板 Analog Pin 0(A0)
 麥克風模組		

　　我們遵照前幾章所述，將 Ameba RTL8195AM 開發板的驅動程式安裝好之後，我們打開 Ameba RTL8195AM 開發板的開發工具：Sketch IDE 整合開發軟體(軟體下載請到：https://www.arduino.cc/en/Main/Software，安裝 Ameba RTL8195AM SDK 請參考附錄之 Ameba RTL8195AM 安裝驅動程式)，攥寫一段程式，如下表所示之使用麥克風模組控制發光二極體發光強度，在使用者發出聲音時，根據聲音大小來控制發光二極體亮度之強弱(曹永忠, 2016b; 曹永忠, 吳佳駿, et al., 2016a, 2016b, 2016c; 曹永忠, 郭晉魁, et al., 2016a, 2016b)。

表 22 使用麥克風模組控制發光二極體發光強度測試程式

使用麥克風模組控制發光二極體發光強度測試程式(MicPWMControlLed)

```
// the setup function runs once when you press reset or power the board
#define PWMLedPin 13
#define LightSourcePin A0

void setup() {
  // initialize digital pin 13 as an output.
  Serial.begin(9600) ;
  Serial.println("Program Start") ;
```

```
}

// the loop function runs over and over again forever
void loop() {
    int LightValue = map(analogRead(LightSourcePin),0,1023,0,255    ) ;
//    int LightValue = analogRead(LightSourcePin) ;
    Serial.println(LightValue) ;

    analogWrite(PWMLedPin,LightValue) ;
    delay(100) ;
}
```

程式下載：https://github.com/brucetsao/Ameba_IOT_Programming

如下圖所示，我們可以看到使用麥克風模組控制發光二極體發光強度結果畫面。

圖 52 使用麥克風模組控制發光二極體發光強度結果畫面

章節小結

本章主要介紹之 Ameba 開發板與使用者互動，或與環境互動，來控制數位輸出或類比輸出，透過本章節的解說，相信讀者會對使用者/環境互動連接數位/類比裝置，有更深入的了解與體認。

本書總結

　　筆者對於 Ameba RTL8195AM 相關的書籍，也出版許多書籍，感謝許多有心的讀者提供筆者許多寶貴的意見與建議，特別感謝瑞昱科技的 Yves Hsu、Sean Chang、Teresa Liu、William Lai、Weiting Yeh 等先進協助，筆者群不勝感激，許多讀者希望筆者可以推出更多的入門書籍給更多想要進入『Ameba RTL8195AM』、『物聯網』、『Maker』這個未來大趨勢，所有才有這個程式設計系列的產生。

　　本系列叢書的特色是一步一步教導大家使用更基礎的東西，來累積各位的基礎能力，讓大家能在物聯網時代潮流中，可以拔的頭籌，所以本系列是一個永不結束的系列，只要更多的東西被製造出來，相信筆者會更衷心的希望與各位永遠在這條物聯網時代潮流中與大家同行。

作者介紹

曹永忠 (Yung-Chung Tsao) ，國立中央大學資訊管理學系博士，目前在國立暨南國際大學電機工程學系與國立高雄科技大學商務資訊應用系兼任助理教授與自由作家，專注於軟體工程、軟體開發與設計、物件導向程式設計、物聯網系統開發、Arduino 開發、嵌入式系統開發。長期投入資訊系統設計與開發、企業應用系統開發、軟體工程、物聯網系統開發、軟硬體技術整合等領域，並持續發表作品及相關專業著作。
Email:prgbruce@gmail.com
Line ID：dr.brucetsao
臉書社群(Arduino.Taiwan)：
https://www.facebook.com/groups/Arduino.Taiwan/
Github 網站：https://github.com/brucetsao/
原始碼網址：
https://github.com/brucetsao/Ameba_IOT_Programming
Youtube：https://www.youtube.com/channel/UCcYG2yY_u0m1aotcA4hrRgQ

吳佳駿 (Chia-Chun Wu)，國立中興大學資訊科學與工程學系博士，現任教於國立金門大學工業工程與管理學系專任助理教授，目前兼任國立金門大學計算機與網路中心資訊網路組組長，主要研究為軟體工程與應用、行動裝置程式設計、物件導向程式設計、網路程式設計、動態網頁資料庫、資訊安全與管理。
Email: ccwu0918@nqu.edu.tw

許智誠 (Chih-Cheng Hsu)，美國加州大學洛杉磯分校(UCLA)資訊工程系博士，曾任職於美國 IBM 等軟體公司多年，現任教於中央大學資訊管理學系專任副教授，主要研究為軟體工程、設計流程與自動化、數位教學、雲端裝置、多層式網頁系統、系統整合、金融資料探勘、Python 建置(金融)資料探勘系統。
Email: khsu@mgt.ncu.edu.tw
作者網頁：http://www.mgt.ncu.edu.tw/~khsu/

蔡英德 (Yin-Te Tsai)，國立清華大學資訊科學博士，目前是靜宜大學資訊傳播工程學系教授，靜宜大學資訊學院院長及靜宜大學人工智慧創新應用研發中心主任。曾擔任台灣資訊傳播學會理事長，台灣國際計算器程式競賽暨檢定學會理事，台灣演算法與計算理論學會理事、監事。主要研究為演算法設計與分析、生物資訊、軟體開發、智慧計算與應用。
Email:yttsai@pu.edu.tw
作者網頁：http://www.csce.pu.edu.tw/people/bio.php?PID=6#personal_writing

附錄

Ameba RTL8195AM 腳位圖

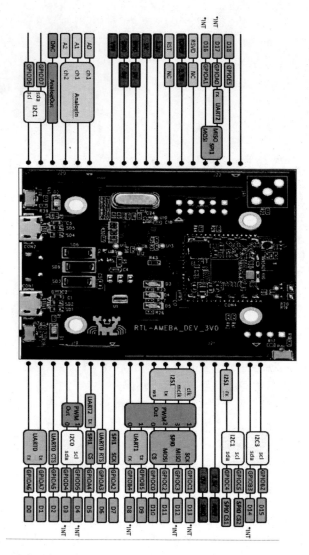

資料來源：Ameba RTL8195AM 官網：http://www.amebaiot.com/boards/

Ameba RTL8195AM 更新韌體按鈕圖

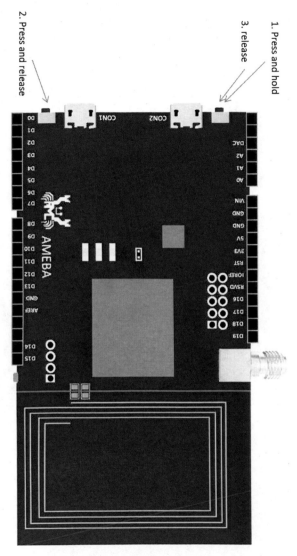

資料來源：Ameba RTL8195AM 官網：如何更換 DAP Firm-
ware?(http://www.amebaiot.com/change-dap-firmware/)

Ameba RTL8195AM 更換 DAP Firmware

請參考如下操作

1. 按住 CON2 旁邊的按鈕不放

2. 按一下 CON1 旁邊的按鈕

3. 放開在第一步按住的按鈕

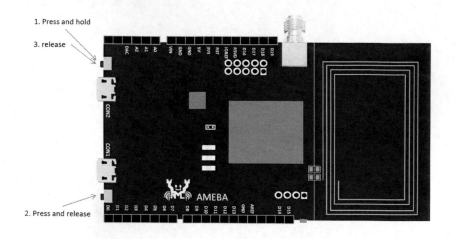

此時會出現一個磁碟槽，上面的標籤為 "CRP DISABLED"

打開這個磁碟，裡面有個檔案 "firmware.bin"，它是目前這片
Ameba RTL8195AM 使用的 DAP firmware

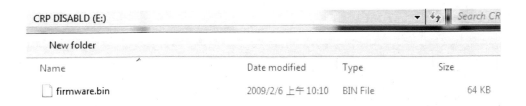

要更換 firmware，可以先將這個 firmware.bin 備份起來，然後刪掉，
再將新的 DAP firmware 用檔案複製的方式放進去

最後將 USB 重新插拔，新的 firmware 就生效了。

資料來源：Ameba RTL8195AM 官網：如何更換 DAP Firm-

ware?(http://www.amebaiot.com/change-dap-firmware/)

Ameba RTL8195AM 安裝驅動程式

請參考如下操作安裝開發環境：

步驟一：安裝驅動程式(Driver)

首先將 Micro USB 接上 Ameba RTL8195AM，另一端接上電腦:

第一次接上 Ameba RTL8195AM 需要安裝 USB 驅動程式，Ameba RTL8195AM 使用標準的 ARM MBED CMSIS DAP driver，你可以在這個地方找到安裝檔及相關說明:

https://developer.mbed.org/handbook/Windows-serial-configuration

在 "Download latest driver" 下載 "mbedWinSerial_16466.exe" 並安裝之後，會在裝置管理員看到 mbed serial port:

步驟二：安裝 Arduino IDE 開發環境

Arduino IDE 在 1.6.5 版之後，支援第三方的硬體，因此我們可以在 Arduino IDE 上開發 Ameba RTL8195AM，並共享 Arduino 上面的範例程式。在 Arduino 官方網站上可以找到下載程式：

https://www.arduino.cc/en/Main/Software

安裝完之後，打開 Arduino IDE，為了讓 Arduino IDE 找到 Ameba 的設定檔，先到 "File" -> "Preferences"

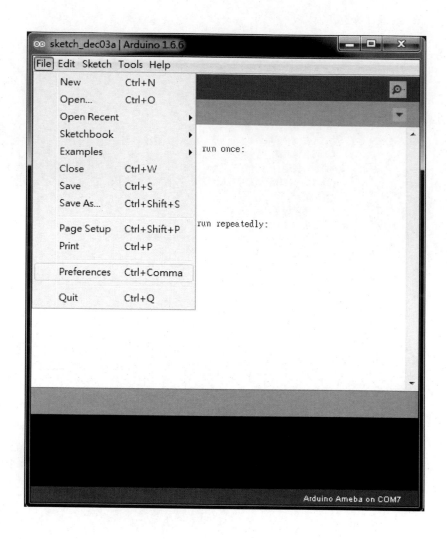

然後在 Additional Boards Manager URLs: 填入：

https://github.com/Ameba8195/Arduino/raw/master/rele

ase/package_realtek.com_ameba_index.json

Arduino IDE 1.6.7 以前的版本在中文環境下會有問題，若您使用 1.6.7 前的版本請將 "編輯器語言" 從 "中文(台灣)" 改成 English。在 Arduino IDE 1.6.7 版後語系的問題已解決。

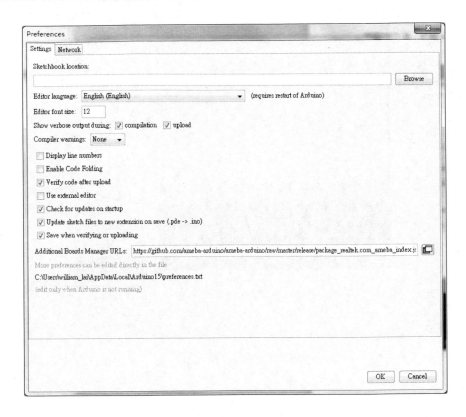

填完之後按 OK，然後因為改編輯器語言的關係，我們將 Arduino IDE 關掉之後重開。

接著準備選板子，到 "Tools" -> "Board" -> "Boards Manager"

　　在 "Boards Manager" 裡，它需要約十幾秒鐘整理所有硬體檔案，

如果網路狀況不好可能會等上數分鐘。每當有新的硬體設定，我們需要

重開 "Boards Manager"，所以我們等一會兒之後，關掉 "Boards

Manager"，然後再打開它，將捲軸往下拉找到 "Realtek Ameba

RTL8195AM Boards"，點右邊的 Install，這時候 Arduino IDE 就根據

Ameba 的設定檔開始下載 Ameba RTL8195AM 所需要的檔案：

接著將板子選成 Ameba RTL8195AM，選取 "tools" -> "Board" -> "Arduino Ameba"：

這樣開發環境就設定完成了。

資料來源：Ameba RTL8195AM 官網：Ameba Arduino: Getting Started With

RTL8195(http://www.amebaiot.com/ameba-arduino-getting-started/)

Ameba RTL8195AM 使用多組 UART

 Ameba 在開發板上支援的 UART 共 2 組（不包括 Log UART），使用者可以自行選擇要使用的 Pin，請參考下圖。（圖中的序號為 UART 硬體編號）

在 1.0.6 版之後可以同時設定兩組同時收送，在 1.0.5 版之前因為參考 Arduino 的設計，兩組同時間只能有一組收送。

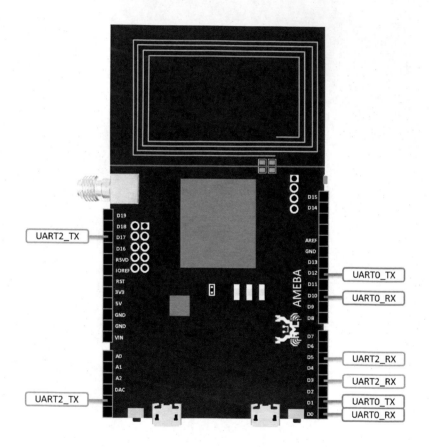

參考程式碼:

```
SoftwareSerial myFirstSerial(0, 1); // RX, TX, using UART0

SoftwareSerial mySecondSerial(3, 17); // RX, TX, using UART2

void setup() {
```

```
myFirstSerial.begin(38400);

myFirstSerial.println("I am first uart.");

mySecondSerial.begin(57600);

myFirstSerial.println("I am second uart.");

}
```

資料來源：Ameba RTL8195AM 官網：如何使用多組

UART?(http://www.amebaiot.com/use-multiple-uart/_

Ameba RTL8195AM 使用多組 I2C

Ameba 在開發板上支援 3 組 I2C，佔用的 pin 如下圖所示：

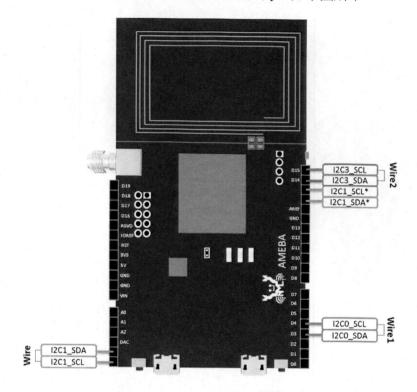

在 1.0.6 版本之後可以使用多組 I2C，請先將 Wire.h 底下定義成需要的數量：

#define WIRE_COUNT 1

接著就可以使用多組 I2C：

```
void setup() {

    Wire.begin();

    Wire1.begin();

    Wire.requestFrom(8, 6);      // request 6 bytes from slave device #8

    Wire1.requestFrom(4, 6);     // request 6 bytes from slave device #4

    }
```

資料來源：Ameba RTL8195AM 官網：如何使用多組 I2C?

(http://www.amebaiot.com/use-multiple-i2c/)

參考文獻

曹永忠. (2016a). AMEBA 透過網路校時 RTC 時鐘模組. *智慧家庭*. Retrieved from http://makerpro.cc/2016/03/using-ameba-to-develop-a-timing-controlling-device-via-internet/

曹永忠. (2016b).【MAKER 系列】程式設計篇－ DEFINE 的運用. *智慧家庭*. Retrieved from http://www.techbang.com/posts/47531-maker-series-program-review-define-the-application-of

曹永忠. (2016c). 用 RTC 時鐘模組驅動 Ameba 時間功能. *智慧家庭*. Retrieved from http://makerpro.cc/2016/03/drive-ameba-time-function-by-rtc-module/

曹永忠. (2016d). 使用 Ameba 的 WiFi 模組連上網際網路. *智慧家庭*. Retrieved from http://makerpro.cc/2016/03/use-ameba-wifi-model-connect-internet/

曹永忠. (2016e). 智慧家庭：如何安裝各類感測器的函式庫. *智慧家庭*. Retrieved from https://vmaker.tw/archives/3730

曹永忠. (2016f). 智慧家庭實作：ARDUINO 永遠的時間靈魂－RTC 時鐘模組. *智慧家庭*. Retrieved from http://www.techbang.com/posts/40838

曹永忠. (2016g). 實戰 ARDUINO 的 RTC 時鐘模組，教你怎麼進行網路校時. Retrieved from http://www.techbang.com/posts/40869-smart-home-arduino-internet-soul-internet-school

曹永忠, 吳佳駿, 許智誠, & 蔡英德. (2016a). *Ameba 气氛灯程序开发(智能家庭篇):Using Ameba to Develop a Hue Light Bulb (Smart Home)* (初版 ed.). 台湾、彰化: 渥瑪數位有限公司.

曹永忠, 吳佳駿, 許智誠, & 蔡英德. (2016b). *Ameba 氣氛燈程式開發(智慧家庭篇):Using Ameba to Develop a Hue Light Bulb (Smart Home)* (初版 ed.). 台湾、彰化: 渥瑪數位有限公司.

曹永忠, 吳佳駿, 許智誠, & 蔡英德. (2016c). *Arduino 程式設計教學(基礎篇):Arduino Programming (Writing Style & Skills)* (初版 ed.). 台湾、彰化: 渥瑪數位有限公司.

曹永忠, 許智誠, & 蔡英德. (2015a). *Arduino 程式教學(入門篇):Arduino Programming (Basic Skills & Tricks)* (初版 ed.). 台湾、彰化: 渥瑪數位有限公司.

曹永忠, 許智誠, & 蔡英德. (2015b). *Arduino 程式教學(常用模組*

篇):*Arduino Programming (37 Sensor Modules)* (初版 ed.). 台湾、彰化: 渥玛數位有限公司.

曹永忠, 許智誠, & 蔡英德. (2015c). *Arduino 编程教学(常用模块篇):Arduino Programming (37 Sensor Modules)* (初版 ed.). 台湾、彰化: 渥玛數位有限公司.

曹永忠, 許智誠, & 蔡英德. (2015d). *Arduino 編程教学(入门篇):Arduino Programming (Basic Skills & Tricks)* (初版 ed.). 台湾、彰化: 渥玛數位有限公司.

曹永忠, 許智誠, & 蔡英德. (2015e). 人類的未來－物聯網：透過 THINGSPEAK 網站監控居家亮度. *物聯網*. Retrieved from http://makerdiwo.com/archives/4690

曹永忠, 許智誠, & 蔡英德. (2015f). 人類的未來－智慧家庭：如果一切電器都可以用手機操控那該有多好. *智慧家庭*. Retrieved from http://makerdiwo.com/archives/4803

曹永忠, 許智誠, & 蔡英德. (2016a). *Arduino 程式教學(基本語法篇):Arduino Programming (Language & Syntax)* (初版 ed.). 台湾、彰化: 渥瑪數位有限公司.

曹永忠, 許智誠, & 蔡英德. (2016b). *Arduino 程序教学(基本语法篇):Arduino Programming (Language & Syntax)* (初版 ed.). 台湾、彰化: 渥瑪數位有限公司.

曹永忠, 郭晉魁, 吳佳駿, 許智誠, & 蔡英德. (2016a). *Arduino 程序设计教学(基础篇):Arduino Programming (Writing Style & Skills)* (初版 ed.). 台湾、彰化: 渥瑪數位有限公司.

曹永忠, 郭晉魁, 吳佳駿, 許智誠, & 蔡英德. (2016b). MAKER 系列-程式設計篇：多腳位定義的技巧(上篇). *智慧家庭*. Retrieved from http://www.techbang.com/posts/48026-program-review-pin-definition-part-one

維基百科. (2016, 2016/011/18). 發光二極體. Retrieved from https://zh.wikipedia.org/wiki/%E7%99%BC%E5%85%89%E4%BA%8C%E6%A5%B5%E7%AE%A1

Ameba 程式設計（基礎篇）
Ameba RTL8195AM IOT Programming (Basic Concept & Tricks)

作　　者：曹永忠、吳佳駿、許智誠、蔡英德

發 行 人：黃振庭

出 版 者：崧燁文化事業有限公司

發 行 者：崧燁文化事業有限公司

E-mail：sonbookservice@gmail.com

粉 絲 頁：https://www.facebook.com/
　　　　　sonbookss/

網　　址：https://sonbook.net/

地　　址：台北市中正區重慶南路一段六十一號八
　　　　　樓 815 室

Rm. 815, 8F., No.61, Sec. 1, Chongqing S. Rd.,
Zhongzheng Dist., Taipei City 100, Taiwan

電　　話：(02) 2370-3310

傳　　真：(02) 2388-1990

印　　刷：京峯彩色印刷有限公司（京峰數位）

律師顧問：廣華律師事務所 張珮琦律師

國家圖書館出版品預行編目資料

Ameba 程 式 設 計. 基 礎 篇
= Ameba RTL8195AM IOT
programming(basic concept &
tricks) / 曹永忠，吳佳駿，許智誠，
蔡英德著. -- 第一版. -- 臺北市：
崧燁文化事業有限公司, 2022.03
　面；　公分
POD 版
ISBN 978-626-332-068-0(平裝)
1.CST: 微電腦 2.CST: 電腦程式語
言
471.516　111001382

官網

臉書

定　　價：280 元

發行日期：2022 年 03 月第一版

◎本書以 POD 印製